"十四五"职业教育国家规划教材
全国水利行业"十三五"规划教材(职业技术教育)
中国水利教育协会策划组织

水利工程监理

(修订本)

主　编　张守平　肖云川
副主编　徐成汉　李国东　张　贺
　　　　胡红亮　陈永志
主　审　龙振华

黄河水利出版社
·郑州·

内 容 提 要

本书是“十四五”职业教育国家规划教材、全国水利行业“十三五”规划教材，是根据中国水利教育协会职业技术教育分会高等职业教育教学研究会制定的水利工程监理课程标准编写完成的。本书主要内容包括水利工程建设监理概述、工程施工阶段监理目标控制、建设工程合同管理、建设工程信息管理、建设工程项目的组织协调、水利工程建设监理实务等。本书通过对水利工程监理实务中实用知识点的讲解，体现以能力培养、技能实训为本位的思想，强调实际操作能力，同时保持一定的理论深度，有很高的实用价值。

本书可供高等职业院校水利水电建筑工程、农田水利工程、水利工程施工、水务管理、工业与民用建筑等专业教学使用，也可供水利类相关专业教学使用及相关专业工程技术人员学习参考。

图书在版编目(CIP)数据

水利工程监理/张守平，肖云川主编. —郑州：黄河水利出版社，2019.4 (2024.1 修订本重印)

全国水利行业“十三五”规划教材. 职业技术教育

ISBN 978-7-5509-2356-0

Ⅰ.①水… Ⅱ.①张…②肖… Ⅲ.①水利工程-监理工作-高等职业教育-教材 Ⅳ.①TV523

中国版本图书馆 CIP 数据核字(2019)第 086159 号

组稿编辑：王路平　电话：0371-66022212　E-mail：hhslwlp@163.com
　　　　　田丽萍　　　　66025553　　　　912810592@qq.com

出 版 社：黄河水利出版社　　网址：www.yrcp.com
　　地址：河南省郑州市顺河路黄委会综合楼 14 层　　邮政编码：450003

发行单位：黄河水利出版社
　　发行部电话：0371-66026940、66020550、66028024、66022620(传真)
　　E-mail：hhslcbs@126.com

承印单位：河南承创印务有限公司

开本：787 mm×1 092 mm　1/16

印张：12

字数：280 千字　　印数：2 101—3 000

版次：2019 年 4 月第 1 版　　印次：2024 年 1 月第 2 次印刷
　　2024 年 1 月修订本

定价：35.00 元

前　言

本书是贯彻落实《国家中长期教育改革和发展规划纲要(2010~2020 年)》、《国务院关于加快发展现代职业教育的决定》(国发〔2014〕19 号)、《现代职业教育体系建设规划(2014~2020 年)》和《水利部 教育部关于进一步推进水利职业教育改革发展的意见》(水人事〔2013〕121 号)等文件精神,依据中国水利教育协会水教协〔2016〕16 号文《关于公布全国水利行业"十三五"规划教材名单的通知》,在中国水利教育协会的精心组织和指导下,由中国水利教育协会职业技术教育分会组织编写的全国水利行业"十三五"规划教材。教材以学生能力培养为主线,具有鲜明的时代特点,体现了实用性、实践性、创新性的特色,是一套水利高职教育精品规划教材。

本书 2023 年 6 月成功入选首批"十四五"职业教育国家规划教材。为了不断提高教材质量,编者于 2024 年 1 月,根据近年来国家及行业最新颁布的规范、标准、规定等,以及在教学实践中发现的问题和错误,对全书进行了修订完善。

水利工程监理是一门实践性很强的课程。为此,本书遵循高等职业院校学生的认知规律,根据高等职业教育水利类专业人才培养标准,坚持"素质为本、能力为主、需要为准、够用为度"的编写原则,以专业知识和职业技能、自主学习能力及综合素质培养为课程目标,以现行规范、法规和行业标准为依据,紧密结合职业资格证书中相关考核要求,按学生毕业后工作岗位的工作内容安排学习内容,以达到课程内容与职业标准对接、教学过程与生产过程对接、学历证书与职业资格证书对接。

本书对工程建设监理基本知识、工程质量控制、工程进度控制、工程投资控制、施工安全监理与文明施工监理、施工合同管理、工程建设项目的信息管理、工程建设项目的组织协调、工程建设监理实务等做了详细阐述。在监理工作实务编写内容中,力求理论联系实际,注重实践能力的培养,突出针对性和实用性,以满足学生学习的需要,编写和引用了一些实用的工程范本,如工程监理合同范本、施工合同范本、监理常用表格等,内容新颖,通俗易懂。

本书编写人员及编写分工如下:长江工程职业技术学院徐成汉编写项目一,重庆水利电力职业技术学院张守平编写项目二,重庆水利电力职业技术学院肖云川编写项目三,重庆水利电力职业技术学院陈永志编写项目四,重庆江河工程咨询中心有限公司李前杰编写项目五,云南水利水电职业学院李国东编写项目六任务一、二,辽宁生态工程职业学院张贺编写项目六任务三至任务五,江西水利职业学院胡红亮编写项目六任务六至任务八。本书由张守平、肖云川担任主编,张守平负责全书统稿;由徐成汉、李国东、张贺、胡红亮、陈永志担任副主编;由湖北水利水电职业技术学院龙振华担任主审。

本书在编写过程中,得到了各院校的专家、教授以及出版社的支持、帮助,同时,参考了不少相关资料、著作、教材,对提供帮助的同仁及资料、著作、教材的作者,在此一并致以诚挚的谢意!

由于编者水平有限,书中难免存在错漏和不足之处,恳请广大师生及专家、读者批评指正。

编　者

2024 年 1 月

目　录

项目一　水利工程建设监理概述

任务一　水利工程项目建设程序

一、水利水电工程基本建设程序

基本建设程序是指基本建设项目从决策、设计、施工到竣工验收全过程中各项工作所必须遵循的先后次序。水利水电基本建设因其规模大、施工难、费用高、制约因素多等特点，更具复杂性及失事后的严重性。水利水电工程建设须经规划、设计、施工等阶段及试运转和验收等过程，各工作环节必须环环相扣，紧密相连，才能正确反映工程建设的整个过程，确保水利水电工程建设顺利进行。

（一）工程基本建设程序的特点

综合分析水利水电工程建设的各个阶段，不难发现水利水电工程基本建设程序具有以下特点：

（1）工程差异大，各具不同特点。水电建设项目有特定的目的和用途，须单独设计和单独建设。即使是相同规模的同类项目，由于工程地点、地区条件和自然条件（如水文、气象）等不同，其设计和施工也具有一定的差异。

（2）工程耗资大，工期相对较长。水利水电建设项目施工中需要消耗大量的人力、物力和财力。由于工程的复杂性和艰巨性，建设周期长，大型水利水电工程工期甚至长达十几年，如小浪底水利枢纽、长江三峡工程、南水北调工程等。

（3）工程环节多，需要统筹兼顾。由于水利水电建设项目的特殊性，建设地点须经多方案选择和比较，并进行规划、设计和施工等工作。在河道中施工时，需考虑施工导流、截流及水下作业等问题。

（4）涉及面较广，关系错综复杂。水利水电建设项目一般为多目标综合开发利用工程（如水库、大坝、溢洪道、泄水建筑物、引水建筑物、电厂、船闸等），具有防洪、发电、灌溉、供水、航运等综合效益，需要科学组织和编写施工组织设计，并采用现代施工技术和科学的施工管理，确保优质、高速地完成预期目标。

（二）工程基本建设程序

针对水利水电工程建设的各个阶段，水利水电工程基本建设程序如图1-1所示。

1. 流域（或区域）规划阶段

流域（或区域）规划就是根据该流域（或区域）的水资源条件和国家长远计划对该地区水利水电建设发展的要求，该流域（或区域）水资源的梯级开发和综合利用的最优方案。

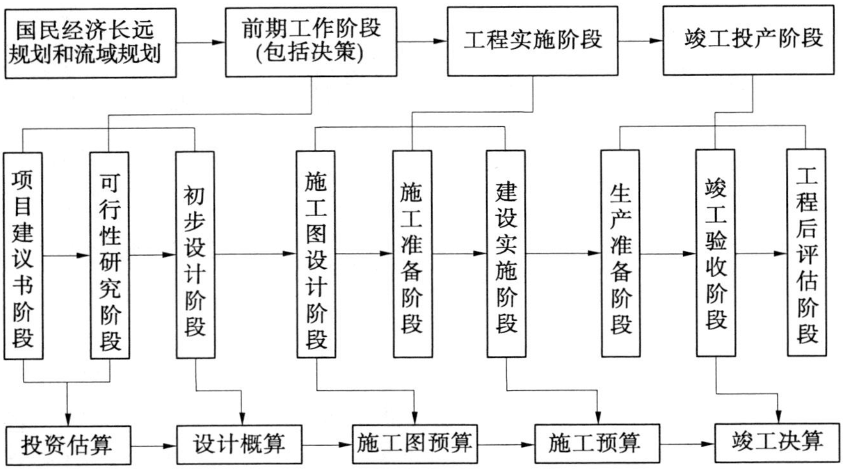

图 1-1　水利水电工程基本建设程序

2. 项目建议书阶段

项目建议书阶段是在流域(或区域)规划的基础上,由主管部门提出的建设项目轮廓设想,主要是从宏观上衡量分析该项目建设的必要性和可能性,即分析其建设条件是否具备,是否值得投入资金和人力。项目建议书是进行可行性研究的依据。

3. 可行性研究阶段

可行性研究的目的是研究兴建本工程技术上是否可行、经济上是否合理。其主要任务包括以下几点:

(1)论证工程建设的必要性,确定本工程建设任务和综合利用的主次顺序。

(2)确定主要水文参数和成果,查明影响工程的主要地质条件和存在的主要地质问题。

(3)基本选定工程规模。

(4)初选工程总体布置,选定基本坝型和主要建筑物的基本形式。

(5)初选水利工程管理方案。

(6)初步确定施工组织设计中的主要问题,提出控制性工期和分期实施意见。

(7)评价工程建设对环境和水土保持设施的影响。

(8)提出主要工程量和建材需用量,估算工程投资。

(9)明确工程效益,分析主要经济指标,评价工程的经济合理性和财务可行性。

4. 初步设计阶段

初步设计是在可行性研究的基础上进行的,是安排建设项目和组织施工的主要依据。初步设计阶段的主要任务包括以下几点:

(1)复核工程任务,确定工程规模,选定水位、流量、扬程等特征值,明确运行要求。

(2)复核区域构造稳定性,查明水库地质和建筑物工程地质条件、灌区水文地质条件和设计标准,提出相应的评价和结论。

(3)复核工程的等级和设计标准,确定工程总体布置以及主要建筑物的轴线、结构形式与布置、控制尺寸、高程和工程数量。

(4)提出消防设计方案和主要设施。

(5)选定对外交通方案、施工导流方式、施工总布置和总进度、主要建筑物施工方法及主要施工设备,提出建筑材料、劳动力、供水和供电的需要量及其来源。

(6)提出环境保护措施设计,编制水土保持方案。

(7)拟定水利水电工程的管理机构,提出工程管理范围、保护范围以及主要管理措施。

(8)编制初步设计概算,利用外资的工程应编制外资概算。

(9)复核经济评价。

5. 施工准备阶段

项目在主体工程开工之前,必须完成以下各项施工准备工作:

(1)施工现场的征地、拆迁工作。

(2)完成施工用水、用电、通信、道路、通气和场地平整等工作。

(3)必需的生产、生活临时建筑工程。

(4)组织招标设计、咨询、设备和物资采购等服务。

(5)组织建设监理和主体工程招标投标,并择优选定建设监理单位和施工承包队伍。

6. 建设实施阶段

建设实施阶段是指主体工程的全面建设实施,项目法人按照批准的建设文件组织工程建设,保证项目建设目标的实现。主体工程开工必须具备以下条件:

(1)前期工程各阶段文件已按规定批准,施工详图设计可满足初期主体工程施工需要。

(2)建设项目已列入国家或地方水利水电建设投资年度计划,年度建设资金已落实。

(3)主体工程招标已经决标,工程承包合同已经签订,并已得到主管部门同意。

(4)现场施工准备和征地移民等建设外部条件能够满足主体工程开工需要。

(5)建设管理模式已经确定,投资主体与项目主体的管理关系已经理顺。

(6)项目建设所需全部投资来源已经明确,且投资结构合理。

7. 生产准备阶段

生产准备是项目投产前要进行的一项重要工作,是建设阶段转入生产经营的必要条件。项目法人应按照建管结合和项目法人责任制的要求,适时做好有关生产准备工作。生产准备应根据不同类型的工程要求确定,一般应包括以下内容:①生产组织准备。②招收和培训人员。③生产技术准备。④生产物资准备。⑤正常的生活福利设施准备。

8. 竣工验收阶段

竣工验收是工程完成建设目标的标志,是全面考核基本建设成果、检验设计和工程质量的重要步骤。竣工验收合格的项目即可从基本建设转入生产或使用。

当建设项目的建设内容全部完成,经过单位工程验收,符合设计要求并按水利基本建设项目档案管理的有关规定,完成了档案资料的整理工作,在完成竣工报告、竣工决算等必需文件的编制后,项目法人按照有关规定,向验收主管部门提出申请,根据国家和部颁验收规程,组织验收。竣工决算编制完成后,须由审计机关组织竣工审计,其审计报告作为竣工验收的基本资料。

二、基本建设项目审批

（一）规划及项目建议书阶段审批

规划报告及项目建议书编制一般由政府或开发业主委托有相应资质的设计单位承担，并按国家现行规定权限向主管部门申报审批。

（二）可行性研究阶段审批

可行性研究报告按国家现行规定的审批权限报批。申报项目可行性研究报告，必须同时提出项目法人组建方案及执行机制、资金筹措方案、资金结构及回收资金办法，并依照有关规定附具有管辖权的水行政主管部门或流域机构签署的规划同意书。

（三）初步设计阶段审批

可行性研究报告被批准后，项目法人应择优选定有与本项目相应资质的设计单位承担勘测设计工作。初步设计文件完成后报批前，一般由项目法人委托有相应资质的工程咨询机构或组织有关专家，对初步设计中的重大问题进行咨询论证。

（四）施工准备阶段和建设实施阶段的审批

施工准备工作开始前，项目法人或其代理机构须依照有关规定，向水行政主管部门办理报建手续，项目报建时须交验工程建设项目的有关批准文件。工程项目进行项目报建登记后，方可组织施工准备工作。

（五）竣工验收阶段的审批

在完成竣工报告、竣工决算等必需文件的编制后，项目法人应按照有关规定，向验收主管部门提出申请，根据国家和部颁验收规程组织验收。

任务二　建设工程监理基本概念

自 1988 年以来，我国的工程监理制度先后经历了试点、稳步发展和全面推行 3 个阶段。1988～1992 年，重点在北京、上海、天津等 8 个城市和交通、水电两个行业开展试点工作；1993～1995 年，全国地级以上城市稳步开展了工程监理工作；1995 年全国第六次建设工程监理工作会议明确提出，从 1996 年开始，在建设领域全面推行工程监理制度。

一、建设工程监理的定义

建设工程监理是指具有相应资质的工程监理企业，接受建设单位的委托，承担其项目管理工作，并代表建设单位对承建单位的建设行为进行监控的专业化活动。

建设单位也可称为业主或项目法人，是委托监理的一方。建设单位在工程建设中拥有确定建设工程规模、标准和功能，以及选择勘察、设计、施工和监理单位等工程建设中重大问题的决定权。

工程监理企业是指取得企业法人营业执照，具有监理资质证书的依法从事建设工程监理业务活动的经济组织。

承建单位主要是指直接与建设单位签订咨询合同、建设工程勘察合同、设计合同、材料设备供应合同或施工合同的单位。

二、建设工程监理概念要点

(一)建设工程监理的行为主体

实行监理的建设工程由建设单位委托具有相应资质的工程监理企业实施监理。建设工程监理只能由具有相应资质的工程监理企业来承担,建设工程监理的行为主体是工程监理企业。

(二)建设工程监理实施的前提

建设单位与其委托的工程监理企业应当订立书面监理合同。也就是说,建设工程监理的实施需要建设单位的委托和授权,工程监理的监理内容和范围应根据监理合同来确定。

(三)建设工程监理的依据

建设工程监理的依据包括工程建设文件,有关的法律、法规和规范,建设工程委托监理合同和有关的建设工程合同。其中,建设工程委托监理合同和有关的建设工程合同是建设工程监理的最直接依据。工程监理企业只能在监理合同委托的范围内监督管理承建单位,履行其与建设单位所签订的有关建设工程合同。

(四)建设工程监理的范围

建设工程监理的范围可以分为监理的工程范围和监理的阶段范围。

工程范围:根据《中华人民共和国建筑法》和国务院公布的《建设工程质量管理条例》,对实行强制性监理的工程范围做了原则性的规定,建设部在《建设工程监理范围和规模标准规定》中对实行强制性监理的工程范围做了具体规定。

下列建设工程必须实行监理:

(1)国家重点建设工程。依据《国家重点建设项目管理办法》所确定的对国民经济和社会发展有重大影响的骨干项目。

(2)大中型公用事业工程。项目总投资额在3 000万元以上的供水、供电、供气、供热等市政工程项目,科技、教育、文化等项目,体育、旅游、商业等项目,卫生、社会福利等项目,其他公用事业项目。

(3)成片开发建设的住宅小区工程。建筑面积在50 000 m^2 以上的住宅建设工程。

(4)利用外国政府或者国际组织贷款、援助资金的工程。包括使用世界银行、亚洲开发银行等国际组织贷款资金的项目,使用国外政府及其机构贷款资金的项目,使用国际组织或者国外政府援助资金的项目。

(5)国家规定必须实行监理的其他工程。项目总投资额在3 000万元以上且关系到社会公共利益、公众安全的交通运输、水利建设、城市基础设施、生态环境保护、信息产业、能源等基础设施项目,以及学校、影剧院、体育场馆等项目。

三、建设工程监理的性质

建设工程监理是建筑领域的三大主体之一。自我国强制推行建设工程监理制度以来,极大地提高了工程建设的投资效益和社会效益。我国在1996年实施的《建设工程监理规定》第四条规定“从事建设工程监理活动,应当遵循守法、诚信、公正、科学的准则”,明确地界定了建设工程监理的性质,将建设工程监理的性质概括为公正性、独立性、服务性和科学性。

(一)公正性

在工程项目建设中,建设工程监理单位及其监理工程师是为业主提供服务的,需要处理建设单位和承包单位的关系并解决他们之间的矛盾冲突。公正性是解决问题的基本原则,国家的法律也授权监理单位站在公正的立场行使处理权,维护双方的合法权益。

(1)公正性是指建设工程监理单位和监理工程师在实施建设工程监理活动中,排除各种干扰,以公正的态度对待委托方和被监理方,以有关法律、法规和双方所签订的工程建设合同为准绳,站在第三方的立场上公正地解决和处理问题,做到公正地证明、决定和行使自己的处理权。

(2)公正性是监理单位和监理工程师顺利实施其职能的重要条件。监理成败的关键在很大程度上取决于能否与承包商以及业主进行良好的合作、相互支持、相互配合。这是监理公正性的基础。

(3)公正性是建筑市场对建设工程监理进行约束的条件。实施建设监理制的基本宗旨是建立适合市场经济的工程建设新秩序,为开展工程建设创造安定、协调的环境,为承包商提供公平竞争的条件。建设监理制的实施使监理单位和监理工程师在工程建设项目中占有重要地位。因此,为保证建设监理制的实施,就必须对监理单位和监理工程师制定约束条件。公正性要求就是重要的约束条件之一。

(4)公正性是监理制度实施的必然要求,是社会公认的职业准则,也是监理单位和监理工程师的基本职业道德准则。我国建设监理制把“公正”作为从事建设监理活动应当遵循的重要原则。

(二)独立性

独立性是建设工程监理的一个重要特征。

(1)从事工程建设的监理活动的监理单位是直接参与工程项目建设“三方当事人”之一,与建设单位、承包商之间的关系是一种平等的主体关系。在人际、业务和经济关系上必须独立,监理单位和从事监理工作的个人不得参与和工程建设的各方发生利益关系的活动,避免监理单位与其他单位之间产生利益牵制,从而保证监理单位的公正性。

(2)监理单位应当按照独立自主的原则开展监理活动,监理单位与业主的关系是平等的合同契约关系。在管理活动中要依据监理合同来履行自己的权利和义务,承担相应的职业道德责任和法律责任,不能片面地迁就业主的不正当要求。

(3)监理单位在开展监理工作时要依据自己的技术、经验以及业主认可的监理大纲,自主地组建现场的监理机构,确定内部的工作制度和监理工作准则。在监理合同履行过程中,为业主服务时要有自己的工作原则,不能由于业主的干涉而丧失原则,侵害承包商的合法利益。监理单位在实施监理的过程中,是独立于建设单位和承包商之外的第三方,应独立行使监理委托合同所确认的职权。

(三)服务性

服务性是建设工程监理的另一重要特征。

(1)监理单位提供的是高智能、有偿技术服务活动。监理单位一般是智力密集型的企业,拥有一批多学科、多行业且具有长期从事工程建设工作实践经验、精通技术与管理、通晓经济与法规的高层次专业人才,它为业主提供的是智能服务,但本身不是建设产品的直接生产者和经营者。一方面,监理单位的监理工程师通过工程建设活动进行组织、协调、监督和控制,保证建设合同的实施,达到业主的建设意图;另一方面,监理工程师在工程建设合同的实施过程中有权监督建设单位和承包商的建设行为,贯彻国家的建设方针和政策,维护国家利益和公众利益。监理工程师在工程建设过程中,利用自己的工程建设知识、技能和经验,为建设单位提供管理服务,并不直接参与建设活动。

(2)监理单位的劳动与获得的相应报酬是技术服务性的。监理单位不同于业主直接的投资活动,不参与投资的利润分成;也不同于工程承包公司、建筑施工企业承包工程施工,不参与工程承包的盈利分配。监理单位的利润和报酬是按其付出脑力劳动量的多少而获取的监理报酬,是技术服务性质的报酬。这种服务型的活动是严格按照监理合同约定实施的,受法律的约束和保护。

(四)科学性

科学性是监理单位区别于其他一般服务性组织的重要特征。

(1)监理是为工程管理、工程施工提供知识的服务,必须以监理人员的高素质为前提,按照国际惯例的要求,监理单位的监理工程师都必须具有相当的学历,并具有长期从事工程建设的丰富经验,精通技术与管理,通晓经济与法规,经权威机构考核合格并经政府主管部门登记注册、发给证书后,才能取得监理的合法资格。监理单位的高素质人员是发现和解决工程设计和承建商所存在的技术与管理方面问题的保障,是提供高水平专业服务的前提。

(2)由于建设工程项目具有生产周期长、制约因素多、一次性和单件性、技术含量趋于复杂等特征,客观上要求监理单位能够提供解决高难度和高科技含量问题的咨询服务能力。

(3)现在的工程项目建设规模越来越大,对社会、环境的影响也越来越大。为了维护公众利益和国家利益,也要求监理单位和监理人员能够提供多学科、全方位的服务,使工程建设项目发挥最大的经济效益和社会效益,避免出现重大事故。

四、建设工程监理的作用

我国实施建设工程监理的时间虽然不长,但它已经发挥出明显的作用,主要表现在以下几方面:

(1)有利于规范工程建设参与各方的建设行为。

虽然工程监理企业是受建设单位委托来代表建设单位进行科学管理的,但是,工程监理企业在监督管理承建单位履行建设工程合同的同时,也要求建设单位履行合同,从而使建设工程监理制在客观上起到一种约束机制的作用,起到规范工程建设参与各方建设行为的作用。

(2)有利于提高建设工程投资决策的科学水平。

在投资决策阶段引入建设工程监理,工程监理企业通过专业化的决策阶段管理服务,建设单位可以更好地选择工程咨询机构，并由工程监理企业监控工程咨询合同的实施，对咨询报告进行评估。因此，可以提高建设工程投资决策的科学化水平，避免项目投资决策的失误。

(3)有利于控制建设工程的功能和使用价值。

在设计阶段引入建设工程监理，通过工程监理企业专业化的科学管理，可以更准确地提出建设工程的功能和使用价值质量要求，并通过设计阶段的监理活动，选择更符合建设单位要求的设计方案，实现建设单位所需的建设工程的功能和使用价值。

(4)有利于促使承建单位保证建设工程的质量和使用安全。

由于工程监理企业是由既懂技术又懂经济管理的专业监理工程师组成的企业，因此如果在设计和施工阶段引入建设工程监理，监理工程师采取科学的管理方式对工程质量进行控制，使承建单位建立完善的质量保证体系并在工程中切实落实，就可以最大限度地避免工程质量隐患。

(5)有利于实现建设工程投资效益的最大化。

在建设工程全过程引入建设工程监理，也就是由专家参与决策和实施过程，通过监理工程师的科学管理，就可能实现投资效益最大化的目标，即在满足建设工程预定功能和质量标准的前提下，实现建设投资额最少，或者建设工程全寿命周期费用最少，或者实现建设工程本身的投资效益、环境效益与社会效益的综合效益最大化。

五、建设工程监理的发展趋势

从1988年我国开始监理试点以来，建设工程监理在我国取得了长足的发展，但目前仍处于初级阶段，无论是服务的内容、范围，还是服务的水平，都有待进一步提高。

(一)建设工程监理向规范化、法制化发展

目前，虽然我国颁布的法律法规中有关工程监理的条款不少，尤其是《建设工程监理规范》，对施工阶段的监理行为进行了规范。但是，我国在法制建设方面还比较薄弱，突出表现在市场规则和市场机制方面，而且合同管理意识不强，无法可依，或有法不依。监理工程师合同管理的水平还较低，监理行为也经常不规范，远不能适应发展的需要。因此，建设工程监理必须向规范化和法制化发展。

(二)由单纯的施工阶段监理向全方位、全过程监理发展

建设工程监理是工程监理企业向建设单位提供项目管理的服务性活动，因此在建设程序的各阶段都可接受建设单位的委托，提供管理服务。在工程建设实际中，以施工阶段的监理为主，并且工作的重点主要是质量控制和工期控制，虽然对投资控制和合同管理等方面的工作也在进行，但起到的作用有限。然而从建设单位的角度出发，决策阶段和设计阶段对项目的投资、质量具有决定性的影响，非常需要管理服务，不仅需要质量控制，而且需要工期控制和投资控制、合同管理与组织协调等各方面的管理服务。所以，代表建设单位进行全方位、全过程的项目管理是建设工程监理的发展趋势。

(三)工程监理企业结构向多层次发展

工程监理行业的企业结构应建立起综合性监理企业与专业性监理企业相结合、大中小型监理企业相结合的合理布局。按工作内容分，逐渐建立起能承担全过程、全方位监理

任务的综合性监理企业与能承担某一专业监理任务的监理企业相结合的企业结构。按工作阶段分，建立起能承担工程建设全过程监理的大型监理企业，与能承担某一阶段工程监理任务的中型监理企业和只提供旁站监理劳务的小型监理企业相结合的企业结构，从而使各类监理企业都有合理的生存和发展空间。

(四)监理工程师的业务水平向高层次发展

目前，虽然我国从业的监理工程师均了解监理理论和法律法规，质量、进度、投资三大控制以及合同管理方面的知识，并通过国家或地方的考试才允许执业。但是，相当多的监理工程师的专业水平和管理知识根本无法胜任全方位、全过程的监理工作。有些人专业技术能力很强，但管理水平不高；有些人管理知识不少，但由于专业技术水平太差，根本无法综合解决实际监理问题；甚至有些监理人员将监理工作简单理解为验收和检查，日常工作就是在做质量检查员。监理人员的从业素质低已经成为监理业务向全方位、全过程发展的一大瓶颈。因此，必须加强监理工程师的继续教育，引导监理工程师不断学习，掌握新技术、新设备和新工艺，学习管理和合同知识，不断地总结经验和教训，使其业务水平向高层次发展。

(五)建设工程监理向国际化发展

我国加入世界贸易组织以后，逐渐向国际市场开放，越来越多的外国企业进入我国市场。同时，我国企业也有机会进入国际市场，参与国际竞争。但是，我国监理企业不熟悉国际惯例，执业人员的素质不高，现代企业管理制度不健全，要想在与国际上同类企业的竞争中取胜，就必须与国际惯例接轨，才能够向国际化发展。

任务三　工程监理企业

一、监理企业

(一)工程监理企业的概念

工程监理企业是指从事工程监理业务，并取得工程监理企业资质证书的经济组织。工程监理企业包括监理公司、监理事务所和兼承监理业务的工程设计、科学研究及工程建设咨询的单位，也包括具有法人资格的单位下设的专门从事工程建设监理的二级机构。它是监理工程师以及其他监理人员的执业机构。近年来的发展趋势是工程监理企业向着全过程的项目管理企业发展。

按照我国现行法律法规的规定，我国工程监理企业的组织形式包括公司制监理企业、合伙制监理企业、个人独资监理企业、中外合资经营监理企业和中外合作经营监理企业等。

工程监理企业是建筑市场的主体之一，建设监理是一种高智能的有偿技术服务，对工程项目建设的投资、工期、质量和安全进行监督管理，力求帮助建设单位实现建设项目的投资意图。工程监理企业按照“公正、独立、自主”的原则，开展工程建设监理工作，公平地维护项目法人和被监理单位的合法权益。

（二）工程监理企业的资质等级

工程监理企业的资质是企业能力、管理水平、业务经验、经营规模、社会信誉等综合实力指标。对工程监理企业进行资质管理的制度是我国政府实行市场准入控制的有效手段。

按照工程监理企业的注册资本，企业技术负责人执业资格、职称和从事工程建设工作的经历，以及取得监理工程师注册证书的监理工程师人数、近年来监理过的有一定等级的建设工程项目的数量等条件作为综合实力指标，来评定工程监理企业资质等级。

工程监理企业资质分为综合资质、专业资质和事务所资质。其中，专业资质按照工程性质和技术特点划分为 14 种工程类别。综合资质、事务所资质不分级别。专业资质分为甲级、乙级，其中房屋建筑、水利水电、公路和市政公用专业资质可设立丙级。

（三）工程监理企业资质相应许可的业务范围

1. 综合资质

可以承担所有专业工程类别建设工程项目的工程监理业务。

2. 专业资质

专业甲级资质：可承担相应专业工程类别建设项目的工程监理业务。

专业乙级资质：可承担相应专业工程类别二级以下（含二级）建设工程项目的工程监理业务。

专业丙级资质：可承担相应专业工程类别三级建设工程项目的工程监理业务。

3. 事务所资质

可承担三级建设工程项目的工程监理业务，但是国家规定必须实行强制监理的工程除外。工程监理企业可以开展相应类别的建设工程项目管理、技术咨询等业务。

（四）工程监理企业资质的监督管理

自 2007 年 8 月 1 日起施行的《工程监理企业资质管理规定》中对工程监理企业资质的监督管理做了明确的规定。

国务院建设主管部门负责全国工程监理企业资质的统一监督管理工作，国务院铁路、交通、水利、信息产业、民航等有关部门配合国务院建设主管部门实施相关资质类别工程监理企业资质的监督管理工作。省、自治区、直辖市人民政府建设主管部门负责本行政区域内工程监理企业资质的统一监督管理工作。省、自治区、直辖市人民政府交通、水利、信息产业等有关部门配合同级建设主管部门实施相关资质类别工程监理企业资质的监督管理工作。

（五）工程监理企业资质的申请和审批

申请综合资质、专业甲级资质的，应当向企业工商注册所在地的省、自治区、直辖市人民政府建设主管部门提出申请。省、自治区、直辖市人民政府建设主管部门进行初审，国务院建设主管部门根据初审意见审批。

专业乙级、丙级资质和事务所资质由企业所在地省、自治区、直辖市人民政府建设主管部门审批。

专业乙级、丙级资质和事务所资质许可延续的实施程序由省、自治区、直辖市人民政府建设主管部门依法确定。

二、项目监理机构

项目监理机构是由项目总监理工程师领导的，受监理企业法定代表人委派，接受企业职能部门的业务指导、监督与核查，派驻工程建设项目实施现场、执行项目监理任务的派出组织。项目监理机构是一次性的，在完成委托监理合同约定的监理工作后即行解体。

监理企业与业主签订委托监理合同后，在实施建设工程监理之前，应建立项目监理机构。项目监理机构的组织形式和规模，应根据委托监理合同规定的服务内容、服务期限、工程类别、规模、技术复杂程度、工程环境等因素确定。

监理企业在组建项目监理机构时，一般按以下步骤进行。

（一）确定建设监理目标

建设工程监理目标是项目监理机构建立的前提，项目监理机构的建立应根据委托监理合同中确定的监理目标，制定总目标并明确划分监理机构的分解目标。

（二）确定监理工作内容

根据监理目标和委托监理合同中规定的监理任务，明确列出监理工作内容，并进行分类归并及组合。监理工作的分类归并及组合应便于监理目标控制，并综合考虑监理工程的组织管理模式、工程结构特点、合同工期要求、工程复杂程度、工程管理及技术特点；还应考虑监理单位自身组织管理水平、监理人员数量、技术业务特点等。

（三）监理机构组织结构设计

1. 确定监理组织结构形式

组织结构形式选择要考虑到：有利于工程合同管理，有利于监理目标控制，有利于决策指挥，有利于信息沟通。目前一般工程选择直线式或直线职能式组织，特大工程可采用矩阵式组织。

2. 合理确定管理层次与管理跨度

项目监理机构中一般应有三个管理层次。

(1)决策层。由总监理工程师和其他助手组成，主要根据建设工程委托监理合同的要求和监理活动内容进行科学化、程序化决策与管理。

(2)中间控制层（协调层和执行层）。属于承上启下的管理层次，由各专业监理工程师组成，具体负责监理规划的落实，监理目标控制及合同实施的管理。

(3)作业层（操作层）。主要由监理员、检查员、见证取样员等组成，具体负责监理活动的操作实施。

项目监理机构中的管理跨度，应考虑监理人员的素质、管理活动的复杂程度、监理业务的标准化程度、各项规章制度的建立健全情况、建设工程集中分散情况等，按监理工作实际需要确定。

3. 项目监理机构部门划分

项目监理机构依据监理目标、可利用的人力和物力资源以及合同结构情况合理划分各职能部门，将投资控制、进度控制、质量控制、安全管理、合同管理、信息管理、组织协调等监理工作内容按不同的职能活动形成相应的管理部门。

（四）制定工作制度和岗位职责

1. 制定工作制度和工作流程

为使监理工作科学、有序地进行，应按监理工作的客观规律制定工作制度和工作流程，规范化地开展监理工作。可分阶段编制设计阶段监理工作流程和施工阶段监理工作流程。

2. 制定岗位职责及考核标准

岗位职务与职责的确定，要有明确的目的性，不可因人设事。根据责权一致的原则，应进行适当的授权，以承担相应的职责；并应确定考核标准，对监理人员的工作进行定期考核，包括考核内容、考核标准及考核时间。做到分工协作、团结合作。

三、工程监理人员

根据监理工作需要及职能划分，监理人员又分为总监理工程师、监理工程师、监理员。水利工程建设监理实行注册管理制度。总监理工程师、监理工程师、监理员均系岗位职务，各级监理人员应持证上岗。总监理工程师（General Engineer）简称总监，是指取得水利工程建设总监理工程师岗位证书，受监理单位委派，全面负责工程项目监理工作的监理工程师；监理工程师（Engineer）是指取得水利工程建设监理工程师资格证书，并按规定注册，取得水利工程建设监理工程师岗位证书，在监理机构中承担监理工作的人员，具体负责实施某一专业或某一方面的监理工作；监理员（Assistant Engineer）是指取得水利工程建设监理员岗位证书，在监理机构中承担辅助、协助工作的人员。

（一）监理工程师的概念和素质

1. 监理工程师的概念

水利工程监理工程师是指取得水利工程建设监理工程师资格证书，并按规定注册，取得水利工程建设监理工程师岗位证书，在监理机构中承担监理工作的人员。

监理工程师是一种岗位职务，为执业资格称谓，不是技术职称。取得监理工程师执业资格一般要求在工程建设监理工作岗位上工作，经全国统一考试合格，并经有关部门注册方可上岗执业。

2. 监理工程师的素质

具体从事监理工作的监理人员，不仅要有较强的专业技术能力和较高的政策水平，能够对工程建设进行监督管理，提出指导性的意见，而且要能够组织、协调与工程建设有关的各方共同完成工程建设任务。也就是说，监理人员既要有一定的工程技术或工程经济方面的专业知识，还要有一定的组织协调能力。就专业知识而言，既要精通某一专业，又要具备一定水平的其他专业知识。所以说，监理人员尤其是监理工程师是一种复合型人才，对这种高智能人才素质的要求，主要体现在以下几个方面：

（1）具有较高学历和多学科专业知识。为了优质、高效地搞好工程建设，需要具有较深厚的现代科技理论知识、经济管理理论知识和一定法律知识的监理人员进行组织管理。

（2）要有丰富的工程建设实践经验。工程建设中的实践经验主要包括以下几个方面：①工程建设地质勘测实践经验；②工程建设规划设计实践经验；③工程建设施工实践经验；④工程建设经济管理实践经验；⑤工程建设招标投标等中介服务的实践经验；⑥工程建设立项评估、建成使用后评价分析实践经验；⑦工程建设监理工作实践经验。

(3)要有良好的品德。监理工程师的良好品德主要体现在以下几个方面：①热爱社会主义祖国，热爱人民，热爱建设事业；②具有科学的工作态度；③具有廉洁奉公、为人正直、办事公道的高尚情操；④能听取不同意见，有良好的包容性。

(4)具有健康的体魄和充沛的精力。我国现行有关规定要求对年满 65 周岁的监理工程师不再进行注册，主要就是考虑监理从业人员身体健康状况对监理工作的适应而设定的。

(二)监理工程师的职业道德和法律责任

1. 监理工程师的职业道德

(1)维护国家的荣誉和利益，按照“守法、诚信、公正、科学”的准则执业。

(2)执行有关工程建设的法律、法规、标准、规范、规程和制度，履行监理合同规定的义务和职责。

(3)努力学习专业技术和建设监理知识，不断提高业务能力和监理水平。

(4)不以个人名义承揽监理业务。

(5)不同时在两个或两个以上监理单位注册和从事监理活动，不在政府部门或施工、材料设备的生产供应等单位兼职。

(6)不为所监理项目指定承包商，建筑构配件、设备、材料生产厂家和施工方法。

(7)不收受被监理单位的任何礼金。

(8)不泄露所监理工程各方认为需要保密的事项。

(9)坚持独立自主地开展工作。

2. 监理工程师的法律责任

1)监理工程师的权利

(1)使用监理工程师名称。

(2)依法自主执行业务。

(3)依法签署工程监理相关文件并加盖执业印章。

(4)法律法规赋予的其他权利。

2)监理工程师的义务

(1)遵守法律法规，严格依照相关技术标准和委托监理合同开展工作。

(2)恪守执业道德，维护社会公共利益。

(3)在执业中保守委托单位申明的商业秘密。

(4)不得同时受聘于两个及两个以上单位执行业务。

(5)不得出借监理工程师执业资格证书、监理工程师注册证书和执业印章。

(6)接受执业继续教育，不断提高业务水平。

3)监理工程师的法律责任

监理工程师的法律责任是建立在法律法规和委托监理合同的基础上，表现行为主要有违法行为和违约行为两方面。

（三）监理工程师的执业资格考试、注册和继续教育

1. 监理工程师执业资格考试

1）考试报名条件

参加监理工程师执业资格考试的人员须同时具备以下条件：

（1）取得工程及相关类中级专业技术职务任职资格，或者具有工程及相关类专业的学习工作经历（大专毕业且从事专业工作8年以上、本科毕业且从事专业工作5年以上、硕士研究生毕业且从事专业工作3年以上）。

（2）年龄不超过60周岁。

（3）有一定的专业技术水平、组织协调能力和管理能力。

2）考试内容及科目

由于监理工程师的主要工作任务是依据工程建设过程的各种信息控制建设工程的质量、投资、进度，监督管理建设工程合同实施，协调工程建设各方的关系，所以监理工程师执业资格考试的内容包括建设工程监理概论、建设工程合同管理、建设工程投资控制、建设工程进度控制、建设工程质量控制、建设工程信息管理等科目的理论知识、相关法律法规和实务技能。

考试科目为建设监理基础知识及相关法规、建设项目目标控制、建设项目合同管理、案例分析。

3）考试方式

监理工程师资格考试是对考生监理理论和实务技能水平的考查，是一种水平考试。案例分析科目试题为主观题，分水利工程施工监理和水土保持工程施工监理两个类别，其余三科试题均为客观题，不分类别。

4）考试组织

中国水利工程协会总体负责考试组织工作，委托资格考试报名联系单位受理考生报名、承担资格初审等工作。

2. 监理工程师注册

专业执业资格实行注册制度，这是国际上通行的做法。监理工程师是一种岗位职务，经注册的监理工程师具有相应的责任和权力。实行监理工程师注册制度，是为了建立一支适应工程建设监理工作需要的、高素质的监理队伍，是为了建立和维护监理工程师岗位的严肃性。

1）监理工程师的注册条件

取得水利工程建设监理工程师资格证书的人员应当按照《水利工程建设监理工程师注册管理办法》（水利部水建管〔2006〕600号）规定先申请注册，取得水利工程建设监理工程师注册证书和执业印章后，方可从事水利工程建设监理活动。但是有下列情形之一的，不予注册：

（1）不具备完全民事行为能力的。

（2）在两个以上监理单位申请注册执业的。

（3）在申请注册过程中弄虚作假的。

（4）为国家公务员或依照公务员管理的现职工作人员的。

(5)年龄超过65周岁的。

(6)未按本办法规定取得继续教育合格证书的。

(7)依法不予注册的其他情形。

2)监理工程师的注册管理

(1)监理工程师申请注册程序如下:

①监理工程师向监理企业提出申请。

②监理企业同意后,由监理企业向其工商注册地的省、自治区、直辖市人民政府水行政主管部门提交申请材料。但是,流域管理机构直属单位独资或控股成立的监理企业,应当向流域管理机构提交申请材料;水利部直属单位独资或控股成立的监理企业,应当向水利部提交申请材料。

省、自治区、直辖市人民政府水行政主管部门和流域管理机构应当自收到申请材料之日起10个工作日内提出意见,并连同申请材料转报水利部。

(2)水利部自收到申请材料之日起20个工作日内完成审查工作,对符合条件者准予注册备案,并颁发水利工程建设监理工程师注册证书和执业印章。

水利部每半年向社会公告注册监理工程师人员名单,接受社会监督。

(3)申请注册应提交下列材料:①水利工程建设监理工程师注册申请表;②与监理企业签订的聘用合同和身份证复印件;③水利工程建设监理工程师资格证书复印件。

取得水利工程建设监理工程师资格证书3年后首次申请注册执业或被注销注册证书后又重新申请注册执业的,应提交继续教育合格证书。

监理工程师申请注册,应对其提交的申请材料内容的真实性负责,不得采取欺骗等不正当手段取得水利工程建设监理工程师注册证书和执业印章。

(4)水利工程建设监理工程师注册证书有效期一般为3年。监理工程师允许执业时间不足3年的,按其实际可执业期限确定有效期。

水利工程建设监理工程师注册证书和执业印章由监理工程师本人保管,任何单位和个人不得涂改、伪造、出借、转让和非法扣押、没收。

(5)监理工程师的注册证书有效期满需继续执业的,应当在有效期满30个工作日前,按相关规定向有关主管部门申请办理延续注册备案手续。

(6)监理工程师在注册证书有效期内,其注册内容(包括注册监理企业、监理专业等)发生变化的,应当按相关规定及时向有关主管部门申请办理变更注册备案手续,并提交以下材料:①注册变更内容及相关证明材料;②水利工程建设监理工程师注册证书和执业印章。

监理工程师变更注册监理企业的,需提交原注册监理企业同意变更证明文件。

监理企业与监理工程师的聘用合同期满后,监理企业不得无故限制监理工程师自由变更注册监理企业。

(7)监理工程师注册后有下列情形之一的,由水利部注销其注册证书,收回水利工程建设监理工程师注册证书和执业印章:①完全丧失民事行为能力的;②死亡或者依法宣告死亡的;③年龄超过65周岁的;④以欺骗等不正当手段取得注册证书的;⑤超过注册证书有效期而未延续注册的;⑥注册证书被依法吊销的;⑦成为国家公务员或依照公务员管理的现职工作人员的;⑧依法应当注销的其他情形。

(8)在水利工程建设监理工程师注册证书有效期内,监理工程师应当至少参加一次由水利部组织的继续教育培训并合格。

(9)监理工程师遗失水利工程建设监理工程师注册证书或执业印章,应当在水利部指定的媒体声明后,向水利部申请补发水利工程建设监理工程师注册证书或执业印章。

(10)监理工程师注册(变更注册、延续注册)申请表格式由水利部统一规定,水利工程建设监理工程师注册证书和执业印章由水利部统一制作。

思考题

1. 何谓建设工程监理?
2. 建设工程监理具有哪些性质? 它们的含义是什么?
3. 建设工程监理的作用有哪些?
4. 何谓基本建设程序? 我国现行基本建设程序的内容是什么?
5. 工程监理企业的资质等级有哪些?
6. 总监理工程师的职责有哪些?
7. 监理单位与项目参建各方的关系是什么?
8. 国家强制监理的范围是什么?

项目二　工程施工阶段监理目标控制

任务一　建设工程目标概述

任何建设工程都有投资、进度、质量三大目标，这三大目标构成了建设工程的目标系统。为了有效地进行目标控制，必须正确认识和处理投资、进度、质量三大目标之间的关系，并且合理确定和分解这三大目标。

一、建设工程三大目标之间的关系

建设工程的投资、进度(或工期)、质量三大目标两两之间存在既对立又统一的关系。如果采取某种措施可以同时实现其中两个要求(如既投资少又工期短)，则这两个目标之间就是统一的关系；反之，如果只能实现其中一个要求(如工期短)，而另一个要求不能实现(如质量差)，则这两个目标(工期和质量)之间就是对立的关系。以下具体分析建设工程三大目标之间的关系。

(一)建设工程三大目标之间的对立关系

建设工程三大目标之间的对立关系比较直观，易于理解。一般来说，如果对建设工程的功能和质量要求较高，采用较好的工程设备和建筑材料，投入较多的资金；同时，还需要精工细作、严格管理，不仅增加人力的投入(人工费相应增加)，而且需要较长的建设时间。如果要加快进度、缩短工期，则需要加班加点或适当增加施工机械和人力，这将直接导致施工效率下降，单位产品的费用上升，从而使整个工程的总投资增加；另外，加快进度往往会打乱原有的计划，使建设工程实施的各个环节之间产生脱节现象，增加控制和协调的难度，有时不仅可能"欲速则不达"，而且会对工程质量带来不利影响或留下工程质量隐患。如果要降低投资，就需要考虑降低功能和质量要求，采用较差或普通的工程设备和建筑材料；同时，只能按费用最低的原则安排进度计划，整个工程需要的建设时间就较长。应当说明的是，在这种情况下的工期其实是合理工期，只是相对于加快进度情况下的工期而言，显得工期较长。

以上分析表明，建设工程三大目标之间存在对立的关系。因此，不能奢望投资、进度、质量三大目标同时达到"最优"，即既要投资少，又要工期短，还要质量好。在确定建设工程目标时，不能将投资、进度、质量三大目标割裂开来，分别孤立地分析和论证，更不能片面强调某一目标而忽略其对其他两个目标的不利影响，而必须将投资、进度、质量三大目标作为一个系统统筹考虑，反复协调和平衡，力求实现整个目标系统的最优。

(二)建设工程三大目标之间的统一关系

对于建设工程三大目标之间的统一关系，需要从不同的角度分析和理解。例如，加快进度、缩短工期虽然需要增加一定的投资，但是可以使整个建设工程提前投入使用，从而提早发挥投资效益，还能在一定程度上减少利息支出。如果提早发挥的投资效益超过因加快进度所增加的投资额度，则加快进度从经济角度来说就是可行的。如果提高功能和质量要求，虽然需要增加一次性投资，但是可能降低工程投入使用后的运行费用和维修费用，从全寿命费用分析的角度则是节约投资的；此外，从质量控制的角度，如果在实施过程中进行严格的质量控制，保证实现工程预定的功能和质量要求（相对于由于质量控制不严而出现质量问题可认为是"质量好"），则不仅可减少实施过程中的返工费用，而且可以大大减少投入使用后的维修费用。同时，严格控制质量还能起到保证进度的作用。如果在工程实施过程中发现质量问题及时进行返工处理，虽然需要耗费时间，但可能只影响局部工作的进度，不影响整个工程的进度；或虽然影响整个工程的进度，但是比不及时返工而酿成重大工程质量事故对整个工程进度的影响要小，也比留下工程质量隐患到使用阶段才发现而不得不停止使用进行修理所造成的时间损失要小。

在确定建设工程目标时，应当对投资、进度、质量三大目标之间的统一关系进行客观的且尽可能定量的分析。在分析时要注意以下几方面问题：

（1）掌握客观规律，充分考虑制约因素。例如，一般来说，加快进度、缩短工期所提前发挥的投资效益都超过加快进度所需要增加的投资，但不能由此而导出工期越短越好的错误结论，因为加快进度、缩短工期会受到技术、环境、场地等因素的制约（当然还要考虑对投资和质量的影响），不可能无限制地缩短工期。

（2）对未来的、可能的收益不宜过于乐观。通常，当前的投入是现实的，其数额也是较为确定的，而未来的收益却是预期的、不确定的。例如，提高功能和质量要求所需要增加的投资可以很准确地计算出来，但今后的收益却受到市场供求关系的影响，如果届时同类工程（如五星级宾馆、智能化办公楼）供大于求，则预期收益就难以实现。

（3）将目标规划和计划结合起来。如前所述，建设工程所确定的目标要通过计划的实施才能实现。如果建设工程进度计划制订得既可行又优化，使工程进度具有连续性、均衡性，则不但可以缩短工期，而且有可能获得较好的质量且耗费较低的投资。从这个意义上讲，优化的计划是投资、进度、质量三大目标统一的计划。

在对建设工程三大目标对立统一关系进行分析时，同样需要将投资、进度、质量三大目标作为一个系统统筹考虑，同样需要反复协调和平衡，力求实现整个目标系统的最优，也就是实现投资、进度、质量三大目标的统一。

二、建设工程目标的确定

如前所述，目标规划是一项动态性工作，在建设工程的不同阶段都要进行，因而建设工程的目标并不是一经确定就不再改变的。由于建设工程的不同阶段所具备的条件不同，目标确定的依据自然也就不同。一般来说，在施工图设计完成之后，目标规划的依据比较充分，目标规划的结果也比较准确和可靠。但是对于施工图设计完成以前的各个阶段来说，建设工程数据库具有十分重要的作用，应予以足够的重视。

建设工程的目标规划总是由某个单位编制的，如设计院、监理公司或其他咨询公司。这些单位应当把自己承担过的建设工程的主要数据存入数据库。若某一地区或城市能建立本地区或本市的建设工程数据库，则可以在大范围内共享数据，增加同类建设工程的数量，从而大大提高建设工程目标确定的准确性和合理性。

三、建设工程目标的分解

为了在建设工程实施过程中有效地进行目标控制，仅有总目标还不够，还需要将总目标进行适当的分解。

（一）目标分解的原则

建设工程目标分解应遵循以下几个原则：

（1）能分能合。这要求建设工程的总目标能够自上而下逐层分解，也能够根据需要自下而上逐层综合。这一原则实际上是要求目标分解要有明确的依据并采用适当的方式，避免目标分解的随意性。

（2）按工程部位分解，而不按工种分解。这是因为建设工程的建造过程也是工程实体的形成过程，这样分解比较直观，而且可以将投资、进度、质量三大目标联系起来，也便于对偏差原因进行分析。

（3）区别对待，有粗有细。根据建设工程目标的具体内容、作用和所具备的数据，目标分解的粗细程度应当有所区别，不必强求一律，要根据目标控制的实际需要和可能来确定。例如，在建设工程的总投资构成中，有些费用数额大，占总投资的比例大，而有些费用则相反。从投资控制工作的要求来看，重点在于前一类费用。因此，对前一类费用应当尽可能分解得细一些、深一些，而对后一类费用则分解得粗一些、浅一些。另外，有些工程内容的组成非常明确、具体（如建筑工程、设备等），所需要的投资和时间也较为明确，可以分解得很细；而有些工程内容则比较笼统，难以详细分解。

（4）有可靠的数据来源。目标分解本身不是目的而是手段，是为目标控制服务的。目标分解的结果是形成不同层次的分目标，这些分目标就成为各级目标控制组织机构和人员进行目标控制的依据。如果数据来源不可靠，分目标就不可靠，就不能作为目标控制的依据。因此，目标分解所达到的深度应当以能够取得可靠的数据为原则，并非越深越好。

（5）目标分解结构与组织分解结构相对应。如前所述，目标控制必须要有组织加以保障，要落实到具体的机构和人员，因而就存在一定的目标控制组织分解结构。只有使目标分解结构与组织分解结构相对应，才能进行有效的目标控制。

（二）目标分解的方式

建设工程的总目标可以按照不同的方式进行分解。对于建设工程投资、进度、质量三个目标来说，目标分解的方式并不完全相同，其中，进度目标和质量目标的分解方式较为单一，而投资目标的分解方式较多。

按工程内容分解是建设工程目标分解最基本的方式，适用于投资、进度、质量三个目标的分解，但是三个目标分解的深度不一定完全一致。一般来说，将投资、进度、质量三个目标分解到单项工程和单位工程是比较容易办到的，其结果也是比较合理和可靠的。建设工程的投资目标还可以按总投资构成内容和资金使用时间（进度）分解。

在施工图设计完成之前，目标分解至少都应当达到这个层次。至于是否分解到分部工程和分项工程，一方面取决于工程进度所处的阶段、资料的详细程度、设计所达到的深度等,另一方面取决于目标控制工作的需要。

四、建设工程目标控制任务

在建设工程实施的各阶段中,施工招标阶段、施工阶段的持续时间长且涉及的工作内容多,所以在以下内容中仅涉及这两个阶段目标控制的具体任务。

(一)施工招标阶段

施工招标阶段建设工程目标控制任务如下:

(1)协助业主编制施工招标文件。

(2)协助业主编制标底。应当使标底控制在工程概算或预算以内,并用其控制合同价。

(3)做好投标资格预审工作。应当将投标资格预审看作公开招标方式的第一轮竞争择优活动。要抓好这项工作,为选择符合目标控制要求的承包单位做好首轮择优工作。

(4)组织开标、评标、定标工作。通过开标、评标、定标工作,特别是评标工作,协助业主选择出报价合理、技术水平高、社会信誉好、保证施工质量、保证施工工期、具有足够承包财务能力和较高施工项目管理水平的施工承包单位。

(二)施工阶段

1.投资控制的任务

施工阶段建设工程投资控制的主要任务是通过工程付款控制、工程变更费用控制、预防并处理好费用索赔、挖掘节约投资潜力等来努力实现实际发生的费用不超过计划投资。

为完成施工阶段投资控制的任务,监理工程师应做好以下工作:制订本阶段资金使用计划,并严格进行付款控制;严格控制工程变更,力求减少变更费用;研究确定预防费用索赔的措施,以避免、减少对方的索赔数额;及时处理费用索赔,并协助业主进行反索赔;根据有关合同的要求,协助做好应由业主方完成的,与工程进展密切相关的各项工作,如按期提交合格施工现场,按质、按量、按期提供材料和设备等工作,做好工程计量工作,审核施工单位提交的工程结算书等。

2.进度控制的任务

施工阶段建设工程进度控制的主要任务是通过完善建设工程控制性进度计划,审查施工单位施工进度计划,做好各项动态控制工作,协调各单位关系,预防并处理好工期索赔,以求实际施工进度达到计划施工进度的要求。

为完成施工阶段进度控制任务,监理工程师应当做好以下工作:根据施工招标和施工准备阶段的工程信息,进一步完善建设工程控制性进度计划,并据此进行施工阶段进度控制;审查施工单位施工进度计划,确认其可行性并满足建设工程控制性进度计划要求;制订业主方材料和设备供应进度计划并进行控制,使其满足施工要求;审查施工单位进度控制报告,督促施工单位做好施工进度控制;对施工进度进行跟踪,掌握施工动态;研究制定预防工期索赔的措施,做好处理工期索赔工作;在施工过程中,做好对人力、材料、机具、设备等的投入以及转换控制工作、信息反馈、对比和纠正工作,使进度控制定期连续进行;开好进度协调会议,及时协调有关各方关系,使工程施工顺利进行。

3. 质量控制的任务

施工阶段建设工程质量控制的主要任务是通过对施工投入、施工和安装过程、产出品进行全过程控制，以及对参加施工的单位和人员的资质、材料和设备、施工机械和机具、施工方案和方法、施工环境实施全面控制，以期按标准达到预定的施工质量目标。

为完成施工阶段质量控制任务，监理工程师应当做好以下工作：协助业主做好施工现场准备工作，为施工单位提交质量合格的施工现场；确认施工单位资质；审查确认施工分包单位；做好材料和设备检查工作，确认其质量；检查施工机械和机具，保证施工质量；审查施工组织设计；检查并协助搞好各项生产环境、劳动环境、管理环境条件；进行施工工艺过程质量控制工作；检查工序质量，严格工序交接检查制度；做好各项隐蔽工程的检查工作；做好工程变更方案的比选，保证工程质量；进行质量监督，行使质量监督权；认真做好质量鉴证工作；行使质量否决权；协助做好付款控制；组织质量协调会；做好中间质量验收准备工作；做好竣工验收工作；审核竣工图等。

五、建设工程目标控制的措施

为了取得目标控制的理想成果，应当从多方面采取措施实施控制，通常可以将这些措施归纳为组织措施、技术措施、经济措施、合同措施等四个方面。这四个方面的措施在建设工程实施的各个阶段的具体运用不完全相同。以下分别对这四个方面的措施做一概要性的阐述。

所谓组织措施，是从目标控制的组织管理方面采取的措施，如落实目标控制的组织机构和人员，明确各级目标控制人员的任务和职能分工、权力和责任，改善目标控制的工作流程等。组织措施是其他各类措施的前提和保障，而且一般不需要增加什么费用，运用得当可以收到良好的效果。尤其是对由于业主原因所导致的目标偏差，这类措施可能成为首选措施，故应予以足够的重视。

技术措施不仅对解决建设工程实施过程中的技术问题是不可缺少的，而且对纠正目标偏差亦有相当重要的作用。任何一个技术方案都有基本确定的经济效果，不同的技术方案就有着不同的经济效果。因此，运用技术措施纠偏的关键，一是要能提出多个不同的技术方案，二是要对不同的技术方案进行技术经济分析。在实践中，要避免仅从技术角度选定技术方案而忽视对其经济效果的分析论证。

经济措施是最易为人接受和采用的措施。需要注意的是，经济措施绝不仅仅是审核工程量及相应的付款和结算报告，还需要从一些全局性、总体性的问题上加以考虑，往往可以取得事半功倍的效果。另外，不要仅仅局限在已发生的费用上，通过偏差原因分析和未完工程投资预测，可发现一些现有和潜在的问题将引起未完工程的投资增加，对这些问题应以主动控制为出发点，及时采取预防措施。

合同措施是建设工程目标控制的重要手段。工程项目建设需要设计单位、施工单位和材料设备供应单位分别承担设计、施工和材料设备供应。在市场经济条件下，这些单位分别根据其与业主签订的设计合同、施工合同和供销合同来参与工程项目建设，他们与工程项目业主构成了工程承发包关系。为了对这些合同进行科学管理，以实现对工程项目目标的有效控制，业主还可委托专业化、社会化的项目管理单位及监理单位，在其授权范围内由项目管理单位及监理单位依据其与业主签订的委托合同及相关的工程建设合同行使管理和监理职责，对合同的履行实施监督管理。

任务二　施工质量控制

一、工程质量控制概述

（一）质量与建筑工程质量

1. 质量的定义

美国质量管理专家朱兰（J. M. Juran）认为“质量就是产品的适用性，即产品在使用时能够满足顾客需要的程度”。国际标准化组织（ISO）关于质量的定义是：“一组固有特性满足要求的程度”。描述对象可以是产品（能够为人们提供某种享用功能的有形实物），也可以是某项活动（人们生产产品或提供服务中所开展的具体作业）或过程（为人们带来某种享受的服务），还可以是质量管理体系。质量特性是固有的而非赋予的特性，要求包括明示的、隐含的或必须履行的。

2. 建设工程质量

建设工程质量简称工程质量。工程质量是指工程满足建设单位需要的，符合国家法律、法规、技术规范标准、设计文件及合同规定的特性综合。建设工程作为一种特殊的产品，除具有一般产品共有的质量特性，如适用性、寿命、可靠性、安全性、经济性等满足社会需要的使用价值和属性外，还具有特定的内涵。建设工程质量特性主要表现在适用性、耐久性、安全性、可靠性、经济性和与环境的协调性。

（二）工程质量形成过程与影响因素

（1）工程建设的不同阶段，对工程项目质量的形成起到不同的作用和影响。如项目可行性研究、项目决策、工程勘察、工程设计、工程施工和工程竣工验收等阶段的工作质量都会影响工程项目建设的质量。

（2）影响工程质量的因素很多，归纳起来主要有五个方面，即人（Man）的因素、机械（Machine）的因素、材料（Material）的因素、方法（Method）的因素、环境（Environment）的因素，简称 4M1E 因素，或称为“人、机、料、法、环”因素。

①人员因素。即人的文化水平、技术水平、决策能力、管理能力、组织能力、控制能力、作业能力、身体素质及职业道德等，都将直接或间接地对工程项目的规划、决策、勘察、设计和施工质量产生影响。

②工程材料。构成工程实体的各类建筑材料、构配件、半成品是工程建设的物质条件，是保证工程质量的基础。工程材料的选用是否合理、产品是否合格、材料是否经检验、保管使用是否得当等，都将直接影响工程质量。

③机械设备。机械设备可分为两类：一类是组成工程实体的、配套的工艺设备和各类机具，另一类是施工过程中使用的各类机具设备。前者直接影响工程使用功能质量，后者影响工程项目施工质量。（注：前者亦可归于工程材料范围。）

④方法。方法是指工艺方法、操作方法和施工方案。施工方案是否合理，施工工艺是

否先进，施工操作是否正确，都将对工程质量产生重大影响。

⑤环境条件。环境条件是指对工程质量特性起重要作用的环境因素，包括工程技术环境、工程作业环境、工程管理环境、周边环境等。环境条件往往对工程质量产生特定的影响。

（三）工程建设质量的标准化管理

随着施工新技术、新工艺、新材料的广泛采用，工程日趋复杂，难度越来越大，施工企业仅靠设备、技术规范和检验，无法使工程质量达到规定的或潜在的质量需要。为了对工程形成的全过程进行控制，预防工程质量事故的发生，施工企业必须按 ISO 9000 族标准的要求建立、健全质量管理体系，提高企业信誉，使影响工程质量的因素始终处于受控状态，长期、稳定地保证工程质量。

ISO 9000 族标准是国际标准化组织 ISO 于 1987 年正式发布的国际质量认证标准。它是许多经济发达国家多年实践经验的总结，我国等同采用 ISO 9000 族标准，国家标准编号为 GB/T 19000。此系列标准具有通用性和指导性，企业按 ISO 9000 族标准去建立、健全质量体系，可使工程质量管理工作规范化、制度化，可提高工程建设质量管理水平，提高工程质量，降低工程成本，提高企业竞争力，同时也有利于保护项目法人利益，保证工程质量评定的客观公正性。

质量认证分为产品质量认证和质量体系认证两种，是第三方依据程序对产品、过程或服务符合规定的要求给予的书面保证。由于工程项目具有单项性，不能以单个工程项目作为质量认证，因而只能对施工企业的质量体系进行认证。

企业质量体系认证，可促使企业认真按 GB/T 19000 族标准去建立、健全质量体系，提高企业的质量管理水平，保证工程项目质量。企业通过质量体系认证，可提高企业的信誉和竞争能力，有利于保护发包人和承包人双方利益，加快双方的经济技术合作。在国际工程的招标中，要求经过 ISO 9000 族标准认证是惯用的做法。企业只有领到评审合格证书，才有资格参加投标，才能打入国际市场，参与国际竞争。

二、质量控制与工程质量控制

（一）质量控制的定义

2000 版 GB/T 19000—ISO 9000 族标准中，质量控制的定义是“质量管理的一部分，致力于满足质量要求”。其定义应从以下几个方面去理解：

质量控制是质量管理的重要组成部分，其目的是使产品、体系或过程的固有特性达到规定的要求，即满足顾客、法律、法规等方面提出的质量要求，如适用性、安全性等。

质量控制的工作内容包括专业技术和管理技术两个方面。围绕产品形成全过程的每一段工作如何能保证做好，应对影响其质量的人、机、料、法、环（4M1E）因素进行控制，并对质量活动的成果进行分阶段的验证，以便及时发现问题，查明原因，采取相应纠正措施，防止不合格产品的产生。

质量控制应贯穿产品形成和体系运行的全过程。每一过程都有输入、转换和输出等三个环节，通过对每一个过程三个环节实施有效控制，使对产品质量有影响的各个过程处于受控状态，才能保障持续提供符合规定要求的产品。

（二）工程质量控制

工程质量控制是指致力于满足工程质量要求，也就是为了保证工程质量满足工程合同、规范标准要求所采用的一系列措施、方法和手段。工程质量要求主要表现在工程合同、设计文件、技术规范规定的质量标准。

工程质量控制按工程质量形成过程，包括全过程各阶段的质量控制，主要是决策阶段的质量控制、工程勘测设计阶段的质量控制、施工阶段的质量控制。施工是形成工程项目实体的过程，也是形成最终产品质量的重要阶段。所以，施工阶段的质量控制是工程项目质量控制的重点。

工程质量控制按其实施的主体不同，可分为政府的工程质量控制、工程监理单位的质量控制、勘察设计单位的质量控制、施工单位的质量控制和项目法人的质量控制。

（三）工程质量控制的依据

对于施工阶段工程质量控制的依据，主要包括以下几项：

（1）工程承包合同文件，分别规定了参与施工建设的各方在质量控制方面的权利和义务，并以此对工程质量进行监督和控制，当发生质量纠纷时以此为据予以解决。

（2）已批准的设计文件、施工图及相应的设计变更与修改文件，是监理单位进行质量控制的依据。要把施工审查与洽商设计变更形成制度，以保证设计的完善和实施的正确性。

（3）国家和行业现行的有关质量管理方面的法律、法规文件。

（4）已批准的施工组织设计，是承包单位进行施工准备和指导现场施工的规划性、指导性文件，是监理单位进行质量控制的重要依据。

（5）合同中引用的国家和行业的现行施工操作技术规范、施工工艺规程及验收规范。

（6）合同中引用的有关原材料、半成品、配件等方面的质量依据。如水泥、钢材、骨料等有关产品技术标准，水泥、骨料、钢材等有关检验、取样、方法的技术标准等。

（7）制造厂提供的设备安装说明书等有关技术标准。这是施工安装承包人进行设备安装必须遵循的重要技术文件，也是监理单位进行检查和控制质量的依据。

（四）工程质量控制的原则

监理工程师在工程质量控制过程中，应遵循以下几条原则：

（1）坚持“质量第一”的原则。监理工程师在进行工程监理时，应坚持“百年大计，质量第一”，在工程建设中自始至终把“质量第一”作为工程质量控制的基本原则。

（2）坚持“以人为本”的原则。在工程质量控制中，要以人为核心，重点控制人的素质和人的行为，充分发挥人的积极性和创造性，以人的工作质量保证工程质量。

（3）坚持预防为主的原则。应该事先对影响质量的各种因素加以控制，而不是消极被动地等出现质量问题后再进行处理。要重点做好工程质量的事先控制和事中控制。

（4）坚持质量标准的原则。工程质量是否符合合同规定的质量标准要求，应通过质量检验并和质量标准对照，符合质量标准要求的才是合格的，不符合要求的就是不合格的，必须返工处理。

（5）坚持科学、公正、守法的职业道德规范。在工程质量控制中，监理人员必须坚持科学、公正、守法的职业道德规范，要尊重科学、尊重事实，以数据资料为依据，客观、公正地处理质量问题。要坚持原则、遵纪守法、秉公处理。

（五）工程质量责任体系

根据国家颁布的《建设工程质量管理条例》以及合同、协议和有关的规定，参与工程建设各方对建设工程质量应各负其责。

1. 建设单位的质量责任

（1）要根据工程特点和技术要求，按有关规定选择相应资质等级的勘察、设计和施工承包单位。在合同中必须有关于质量的条款，明确质量责任，并真实、准确、齐全地提供与建设工程有关的原始资料。凡建设工程项目的勘察、设计、施工、监理单位的选定，以及工程建设有关重要的材料设备等的采购，均应实行招标，择优选定中标者。不得将应由一个承包者完成的项目肢解后分包给几个承包者，不得迫使承包方低于成本价承包，不得任意压缩合理工期或降低工程质量要求。

（2）应根据工程特点，配备相应的质量管理人员。对国家规定强制实行监理的工程项目，必须委托有相应资质等级的工程监理单位进行监理。

（3）工程开工前，负责办理有关施工图设计文件审查、工程施工许可证和工程质量监督手续，组织设计和承包单位认真进行设计交底；在工程施工中应按国家现行的有关工程建设法规、技术标准及合同的规定，对工程质量进行检查与控制。在工程主体和承重结构有变更时，要有变更和审批手续。工程竣工后，应及时组织有关各方进行验收，未经验收或验收不合格的工程不得投入使用。

（4）按合同约定应由建设单位负责采购供应的建筑材料、构配件和设备，应符合设计文件和合同要求，对发生的质量问题，要承担相应的责任。

2. 勘察、设计单位的质量责任

（1）勘察、设计单位必须在其资质等级许可的范围内承揽相应的勘察、设计任务，不得将承揽的工程转包或违法分包。

（2）必须按照国家现行的政策、法规和工程建设强制性技术及合同要求进行勘察、设计工作，并对其提供成果的质量负责。勘察成果文件必须真实、准确；设计文件应当符合国家规定的深度要求，对选用的材料、构配件和设备应当注明规格、型号、性能等技术指标，其质量必须符合国家规定的标准。对施工中提出的设计问题应负责予以解决，对发生的质量事故应参与解决，对由于设计造成的质量事故应提出相应的处理方案。

3. 承包单位的质量责任

（1）承包单位必须在其资质等级许可范围内承揽施工任务，不得将其承接的工程转包或违法分包。

（2）要对所承包的工程项目的施工质量负责，应建立健全质量管理体系，落实质量责任制。

（3）必须按照工程设计图纸和施工技术规范标准组织施工。未经设计单位同意，不得擅自修改工程设计。对建筑材料、构配件、设备和半成品要进行检验，不使用不符合设计和强制性技术标准要求的产品，不使用未经检验和检验不合格的产品。

4. 工程监理单位的质量责任

（1）工程监理单位应按其资质等级许可的范围承担工程监理任务，不得转让工程监理业务，不得允许其他单位或个人以本单位的名义承担工程监理业务。

(2)应依照法律、法规以及有关技术标准、设计文件和工程承包合同、委托监理合同，代表建设单位对工程质量实施监理，并对工程质量承担监理责任。监理责任主要有违法责任和违约责任。如果监理单位在责任期内，不按照监理合同约定履行监理职责给建设单位或其他单位造成损失的，应负赔偿责任。

5. 建筑材料、构配件及设备的生产或供应单位的质量责任

建筑材料、构配件及设备的生产或供应单位要对其生产或供应的产品质量负责。产品质量应符合国家和行业现行的技术规定的合格标准与设计要求，且应有相应的产品检验合格证明。

三、工程施工质量控制

(一)工程施工质量控制概述

1. 施工质量控制过程的划分

1)按工程实体质量形成过程的时间阶段划分

(1)施工准备控制：指在各工程正式施工活动开始前，对各项准备工作及影响质量的各因素进行控制，这是确保施工质量的先决条件。

(2)施工过程控制：指在施工过程中对实际投入的生产要素质量及作业技术活动的实施状态和结果进行控制。

(3)竣工验收控制：指对于通过施工过程所完成的具有独立功能和使用价值的工程质量进行控制。

2)按工程项目施工层次划分

通常任何一个大中型工程建设项目可以划分为若干层次。例如，对于水利工程项目，按照水利行业标准可以划分为单位工程、分部工程、单元工程、工序或检验批等层次。各组织部分之间的关系具有一定的施工先后顺序的逻辑关系。施工作业过程的质量控制是最基本的质量控制，它决定了工序或检验批的质量；而工序或检验批的质量又决定了分项工程的质量。

2. 施工质量控制的依据

(1)工程合同文件。

工程施工承包合同文件和委托监理合同文件分别规定了参与建设各方在质量控制方面的权利和义务，有关各方必须履行在合同中的承诺。对于监理单位，既要履行有关的质量控制条款，又要提醒建设单位、监督承包单位、通过建设单位督促设计单位履行有关的质量控制条款。因此，监理工程师要熟悉这些合同文件中的有关条款。

(2)设计文件。

“按图施工”是施工阶段质量控制的一项重要原则。因此，经过批准的设计图纸和技术说明书等设计文件，无疑是质量控制的重要依据。为此，监理单位在施工前应积极参加图纸会审及设计交底工作，以达到了解设计意图和质量要求，发现图纸差错和减少质量隐患的目的。

(3)国家及政府有关部门颁布的有关质量管理方面的法律、法规性文件。

如《中华人民共和国建筑法》《建设工程质量管理条例》《房屋建筑工程和市政基础设施工程实行见证取样和送检的规定》《房屋建筑工程施工旁站监理管理方法(试行)》等都是建设行业质量管理方面所应遵循的基本法规文件。此外,各行业和各地方政府的有关主管部门,也根据本行业及地方的特点,制定和颁布了有关的法规性文件,如《水利水电建设工程验收规程》(SL 223—2008)等。

(4)有关质量检验与控制的专门技术法规性文件。

这类文件一般是针对不同行业、不同的质量控制对象而制定的技术法规性的文件,包括各种有关的标准、规范、规程和规定,如《建筑工程施工质量验收统一标准》(GB 50300—2013)等。

此外,对于大型工程,特别是对外承包工程和外资、外贷工程的质量监理与控制中,可能会涉及国际标准和规范,需要熟悉它们,以进行工程项目的质量控制。

(二)施工准备的质量控制

1.核查施工承包单位的资质

1)施工承包企业分类

施工承包企业可分为施工总承包企业、专业承包企业、劳动分包企业。

2)监理工程师对施工承包企业资质的审核

(1)招标投标阶段对承包单位资质的审核。确定参与投标企业的资质等级,并取得投标管理部门的认可。核查企业资格证书,了解其实际业绩、人员素质、管理水平、资金情况、技术装备等。实地参观考核其近期承建工程的质量情况及现场管理水平。

(2)对中标进场从事项目施工承包企业质量体系的核查。了解企业的质量意识及企业质量管理基础工作和质量管理机构落实情况,以及质量管理权限实施情况等。了解GB/T 19000—ISO 9000标准体系建立和通过认证的情况。审查承包单位现场项目经理的质量管理体系等。

2.施工图会审

施工图会审是施工阶段监理的前期工作之一,应在项目监理机构收到施工图纸之后设计交底之前完成。总监理工程师组织监理工程师和监理员熟悉施工图纸,了解工程特点以及关键部位的质量要求,并将对施工图纸进行检查与校核中发现的问题汇总,书面提交设计院,在设计交底时由设计院统一答复。施工图会审包括以下内容:

(1)图纸审批签认手续是否齐全,是否符合有关法规、制度、规范的规定,是否经过审图机构和政府有关部门的审查。

(2)图纸与说明文件是否完整,是否与图纸目录相符;施工图纸说明文件制定中使用的规范、规程、标准图册是否现行、有效。

(3)图纸是否满足实际基本条件的要求(抗震设防烈度,风、雪压值,防火等级,节能等)。

(4)地基与基础的设计是否符合工程地质、水文地质勘查资料的规定。

(5)图纸中所用的材料、构配件、设备等来源是否有保证,是否有代用品;对新材料、新技术、新工艺的采用有无主管部门的鉴定和确认批准文件。

(6)图纸规定的施工工艺是否合理,是否符合实际,是否存在不便于施工及不便于保证施工安全和施工质量之处。

(7)图纸中有无遗漏、差错或互相矛盾之处(各部分尺寸、标高、位置、地坪上下之间、上下楼层之间、各专业之间等)。

(8)建筑、结构及其他专业的设计是否符合相应的设计规范,是否符合现行政策、法令、法规的规定(如环保、消防、人防、节能、绿化等)。

(9)各种使用功能能否满足建设单位的要求,以及其他需要审查的内容。

3. 审查项目管理实施规划(施工组织设计)

1)审查的程序

在工程开工之前承包单位必须完成项目管理实施规划的编制和内部自审批准工作,填写“施工组织设计(方案)报审表”报送项目监理机构;总监理工程师组织项目监理工程师进行审查,提出意见,由总监理工程师签认,交项目经理部修改后再报审;审定后的项目管理实施规划报送至建设单位;承包单位按照审定的项目管理实施规划组织施工,如需对其内容做较大的变更,应书面报送项目监理机构审核;对规模大、结构复杂或属新结构、特殊结构的工程,项目监理机构还应将项目管理实施规划报送监理单位的技术总负责人审查,必要时与建设单位协商,组织有关专业部门和有关专家会审;对规模大、工艺复杂的工程、群体工程或分期出图的工程,项目监理机构对项目管理实施规划可以统一分期报审;对技术复杂或采用新技术的分部、分项工程,承包单位还应编制分部、分项工程的施工方案,报项目监理机构审查。

2)审查的原则

项目管理实施规划的编制、审查和批准应符合规定的程序;项目管理实施规划应符合国家的技术政策,充分考虑施工合同规定的条件、施工现场条件及法规条件的要求,突出“质量第一,安全第一”的原则;项目管理实施规划要有针对性,承包单位要了解和掌握本工程的特点及难点,充分分析本工程的实施条件;项目管理实施规划要具有可操作性,承包单位要有执行并保证工期和质量目标的能力;技术方案要具备先进性,所采用的技术方案和措施要先进适用、技术成熟;质量管理和技术管理体系质量保证措施健全且切实可行;安全、环保、消防和文明施工措施切实可行并符合有关规定;在满足合同和法规要求的前提下,对项目管理实施规划的审查,应尊重承包单位的自主技术决策和管理决策。

(三)现场施工准备的质量控制

1. 工程定位及标高基准控制

工程施工测量放线是建设工程产品由设计转化为实物的第一步。施工测量质量好坏,直接影响工程产品的综合质量,并且制约着施工过程中有关工序的质量。因此,工程测量控制可以说是施工中事前控制的一项基础工作,是施工准备阶段的一项重要内容。在监理工作中,应由测量专业监理工程师负责工程测量的复核控制工作。

(1)监理工程师应要求承包单位对建设单位给定的原始水准点、基准线和高程控制点进行复测,并将复测结果交监理工程师审核,经批准后承包单位才能据以进行检测放线工作。

(2)建立施工测量控制网,根据工程总平面图测定各建筑物和建筑结构的位置,并建立高程控制网点。

(3)承包单位将测量放线成果报送监理工程师审核,并进行现场验桩,由承包单位对各测量桩进行保护。

2.施工平面图控制

监理工程师应督促建设单位按照合同约定提供施工场地,承包单位进行施工现场布置。监理工程师要检查施工现场总体布置是否合理,是否有利于保证施工的正常、顺利进行,是否有利于保证施工质量。

3.材料、构配件采购订货的控制

工程所需的原材料、半成品、构配件等都将成为永久性工程的组成部分,它们的质量好坏直接影响到未来工程产品的质量,因此需要事先对其质量进行严格控制。

(1)凡由承担单位负责采购的原材料、半成品或构配件,在采购订货前应向监理工程师申报;对重要的材料还应提交样品,供试验或鉴定,或提交产品的理化试验单,经监理工程师审查认可后,方可进行采购。

(2)对于半成品或构配件,应按经过审批认可的设计文件和图纸要求采购订货,质量应满足有关标准和设计的要求,并应有质量合格证、出厂合格证、产品说明书等质量文件。

(3)对于大宗的器材或材料的采购应当实行招标采购的方式。

(4)某些材料(如装饰材料)为避免颜色不一致,应于订货时,一次订齐,以免发生色泽不一问题。

(5)应要求供货厂方提供质量文件,用以表明其提供的产品能够完全达到订货方的质量要求。

4.施工机械设备的控制

(1)施工机械设备的选择,除应考虑其技术性能、工作效率、工作质量、可靠性和维修难易、能源消耗,以及安全、灵活等方面对施工质量的影响与保证外,还应考虑其数量配置对施工质量的影响与保证。

(2)监理工程师应审查施工机械的数量是否足够,是否有备用,是否与项目管理实施规划中所列者相一致,其类型、规格、性能能否保证施工质量,是否处于良好的可用状态,否则不准使用。

5.分包单位资质的审核确认

保证分包单位的资质,是保证工程施工质量的一个重要环节和前提。因此,监理工程师应对分包单位资质进行严格控制。

(1)根据《房屋建筑和市政基础设施工程施工分包管理办法》中的规定,建设单位不得直接指定分包工程承包单位。专业工程分包,除在施工总承包合同中有规定外,必须经过建设单位认可。

(2)承包单位对分部工程、单元(分项)工程实行分包,必须符合施工合同的约定。

(3)对分包单位资格审查应在工程项目开工前或拟分包的分部、分项工程开工前完成。

(4)对拟分包单位的审查,承包单位应填写“分包单位资格报审表”,附上经其自审认可的分包单位的有关资料,报项目监理机构审查,审查内容包括:分包单位的营业执照、企业资质等级证书;分包单位的业绩;拟分包工程内容和范围,开、竣工日期,工程项目一览表;专职管理人员和特种作业人员的资格证、上岗证。如审核合格,分包合同签订后,项目监理机构在原报送的“分包单位资格报审表”上签认同意;如项目监理机构发现承包单位存在转包、肢解分包、层层分包等违法情况时,应签发“监理工程师通知单”及时予以制止,同时报告建设单位及相关主管部门。总监理工程师对分包单位的资格确认不解除承包单位应负的责任。

6.设计交底与施工图纸的现场核对

为了使承包单位充分了解工程特点、设计要求,减少图纸差错,确保工程质量,减少工程变更,监理工程师应要求承包单位做好施工图的现场核对工作。施工图纸现场核对的主要内容如下:

(1)施工图纸合法性的认定。施工图纸是否经设计单位签署,是否按规定经过有关部门审核批准,是否得到建设单位同意。

(2)图纸与说明书是否齐全。

(3)地下构筑物、障碍物、管线等是否探明并标注清楚。

(4)图纸中有无遗漏、差距或相互矛盾之处,图纸的表示方法是否清楚和符合标准。

(5)工程地质及水文地质等基础资料是否充分、可靠,地形、地貌与现实情况是否相符。

(6)所需材料的来源有无保证,能否替代,新材料、新技术的采用有无问题。

(7)所提出的施工工艺、方法是否合理,是否切合实际,是否存在无法或不便于施工之处,能否保证质量要求。

(8)施工图或说明书中所涉及的各种标准、图册、规范、规程等是否现行、有效,承包单位是否具备施工能力水平。

7.严把开工关

承包单位认为施工准备工作已完成,具备开工条件时,应向项目监理机构报送“工程开工报审表”及相关资料。项目监理机构应审查下列内容:

(1)当地政府建设主管部门已签发“建设工程施工许可证”,其他有关的行政许可的手续均已办理。

(2)征地拆迁工作能满足施工进度的需要。

(3)施工图纸及有关设计文件已齐备。

(4)施工现场道路,水、电、通信和临时设施已能满足开工要求,地下障碍物已清楚或已查明。

(5)项目管理实施规划(或施工组织设计、施工方案)已经项目监理机构总监理工程师审核签认。

(6)测量控制桩已经项目监理机构复验合格。

(7)承包单位项目经理部的管理人员按计划到位,施工人员、施工机械、设备、器具已按需要进场,主要建筑材料供应已落实,并满足开工的需要。

(8)承包单位项目经理部的各项管理制度已建立。

经专业监理工程师审核,具备开工条件时报总监理工程师,由总监理工程师签复“工程开工报审表”,并报建设单位审批后,工程可以开工。

8. 参加第一次工地会议

第一次监理工地会议应在承包单位和项目监理机构进场后、工程开工前召开,会议由总监理工程师主持召开。

(四)施工过程质量控制

施工过程体现在一系列作业活动中,作业活动的效果将直接影响到施工过程的施工质量。因此,监理工程师的质量控制工作应体现在对作业活动的控制上。

1. 作业技术准备状态的控制

作业技术准备状态,是指各项施工准备工作在正式开展作业技术活动前,是否按预先计划的安排落实到位的状况,包括配置的人员、材料、机具、场所、环境、通风、照明、安全设施等。做好作业技术准备的检查,有利于实际施工条件的落实,避免计划与实际两层皮、承诺与行动相脱离,在准备工作不到位的情况下贸然施工。

1)质量控制点的设置

质量控制点是指为了保证作业过程质量而确定的重点控制对象、关键部位或薄弱环节。对质量控制点,一般要事先分析可能造成质量问题的原因,再针对原因制定相应对策进行预控。

(1)选择质量控制点的一般原则。施工过程中的关键工序或环节及隐蔽工程,例如预应力结构的张拉工序,钢筋混凝土结构中的钢筋架立;施工过程中的薄弱环节,质量不稳定的工序、部位或对象,例如地下防水层施工;对后续工程或对后续工序质量或安全有重大影响的工序、部位或对象,例如预应力结构中的预应力钢筋质量、模板的支撑与固定等;采用新技术、新工艺、新材料的部位或环节;施工上无足够把握的、施工条件困难的或技术难度大的工序或环节,例如复杂曲线模板放样等。

(2)对作为质量控制点重点控制的对象。对某些作业或操作人员,如高空、高温、水下、危险作业的人员,应对其进行控制;对施工设备和材料,因直接影响工程质量和安全,应对其性能进行重点控制;对施工中的关键操作进行控制;对施工技术参数(如对路基填土压实时填土的含水量)进行控制;对施工顺序进行控制;有些作业之间需要必要的技术间歇时间,对此间歇时间进行必要的控制,例如混凝土浇筑后至拆模之间应保持一定的间歇时间;对新技术、新工艺、新材料的应用,因缺乏经验,施工时应列为重点进行严格控制;产品质量不稳定、不合格率较高及容易发生质量通病的工序应列为重点,仔细分析,严格控制;易对工程质量产生重大影响的施工方法应列为控制重点;对特殊地基和特种结构应予以特别重视。

2)作业技术交底的控制

承包单位做好技术交底,是保证施工质量的条件之一。为此,每一单元(分项)工程开始实施前均要进行交底。作业技术交底是对项目管理实施规划(施工组织设计)或施工方案的具体化,是更细致、明确和更加具体的技术实施方案,是工序施工或分项工程施工的具体指导文件。作业技术交底中要明确做什么、谁来做、如何做、作业标准和要求以及什么时间完成等。

关键部位或技术难度更大、施工复杂的检验批、分项工程施工前,承包单位的"技术交底书"(作业指导书)应报送专业监理工程师审查,如"技术交底书"不能保证作业活动的质量要求，承包单位要进行修改补充。没有做好技术交底的工序或分项工程不得进入正式施工。

3）进场材料、构配件的控制

凡运到施工现场的原材料、半成品或构配件，进场前应向项目监理机构提交“工程材料/构配件/设备报审表”，同时附有产品出厂合格证及技术说明书，由承包单位按规定要求进行检验（试验），其检验（试验）报告，经监理工程师审查并确认合格后方允许进场或用于工程。

对进场的材料、构配件等的存放条件应进行控制，防止因保管不良，导致质量状况恶化，如损伤、变质、损坏，甚至不能使用。监理工程师对此情况应进行监控。

4）环境状态的控制

（1）施工作业环境的控制。所谓施工环境条件，主要是指诸如水、电或动力供应、施工照明、安全防护设备、施工场地空间条件和道路，以及交通运输和道路条件等。这些条件是否良好，直接影响到施工活动能否顺利进行，以及施工质量。监理工程师应事先检查承包单位对施工作业环境条件方面的有关准备工作是否妥当，当确认其准备可靠有效后，方准许进行施工。

（2）施工质量管理环境的控制。施工质量管理环境主要是施工承包单位的质量管理体系和质量控制自检系统是否处于良好状态，系统的组织结构、管理制度、监测制度、检测标准、人力配备等方面是否完善和明确，质量责任是否落实。监理工程师做好承包单位施工管理环境的检查并督促其落实，是保证作业效果的重要前提。

（3）现场自然环境的控制。监理工程师应检查施工承包单位对于未来施工期间，自然环境条件可能出现对施工作业质量的不利影响，如冬期和雨期施工准备、防暑降温、防寒抗冻、防洪与排水、恶劣地质条件等，是否事先有充分的认识并已经做好充足的准备和采取有效的措施与对策，以保证工程质量。

5）进场施工机械、设备性能及工作状态的控制

保证施工现场作业机械、设备的技术性能及工作状态，对施工质量有良好的影响。因此，监理工程师要做好现场控制工作，不断检查并督促承包单位，只有状态良好，性能满足施工需要的机械、设备才允许进入现场作业。

施工机械、设备的进场检查：机械、设备进场后，监理工程师应检查机械、设备的型号、规格、数量、技术性能（技术参数）、状况、进场时间等，并与机械、设备进场前承包单位报送的进场设备清单进行现场核对，是否与项目管理实施规划（施工组织设计）中所列的内容相符。

施工机械、设备工作状态的检查：监理工程师应审查作业机械的使用、保养记录，检查其工作状态；重要的工程机械应在现场实际复验，以保证投入作业的机械设备状态良好。另外，监理工程师还应经常了解施工作业中的机械、设备工作状况，防止带病运行。

对有特殊安全要求的设备和大型临时设备，进入现场后使用前必须经过当地劳动安全部门的鉴定和批准，方允许投入使用。

6）施工测量及计量器性能、精度的控制

监理工程师要对承包单位的实验室的资质证明文件、试验设备、检测仪器能否满足工

程质量检查要求,管理制度是否齐全等进行实地检查,确认能够满足工程质量的检测要求后,予以批准。

施工测量开始前,监理工程师应审核测量仪器的型号、技术指标、精度、法定计量单位的标定证明,测量人员的上岗证明等,确认后方可进行测量作业。

7)施工现场劳动组织及作业人员上岗资格的控制

(1)现场劳动组织的控制。劳动组织涉及从事作业活动的操作者和管理者,以及相应的各种制度。操作人员的数量必须满足工作活动的需要,相应工种配置保证作业有序进行。管理人员包括技术负责人、专职质检人员、测量人员、材料员、安全员、试验员等必须及时到位。相关制度包括管理层和作业层的岗位职责、现场安全消防规定、环保规定、安全生产规定、紧急状况的处理规定等,各种制度应齐全、有效、具有可操作性。

(2)作业人员上岗资格。从事特殊作业的人员(如电焊工、电工、架子工、起重工、爆破工等)必须持证上岗,监理工程师要进行检查与核实。

2.作业活动运行过程的控制

工程施工质量是施工过程中形成的,而不是最后检验出来的。施工过程是由一系列相互联系与制约的作业活动所构成的,因此保证作业活动的效果与质量是施工过程质量控制的基础。

1)承包单位自检与专检工作的监控

(1)承包单位的自检系统。承包单位是施工质量的直接实施者和责任者。承包单位应建立起完善的质量自检体系,并使之有效运转,这也是监理工程师的质量监督与控制的一项工作。

(2)承包单位的自检体系表现在以下几点:作业活动的作业者在作业结束后必须自检;不同工序交接、转换必须由相关人员交接检查;承包单位专职质检员的专检。

为实现上述三点,承包单位必须有整套的制度和工作顺序,具有相应的检测仪器,配备满足需要的专职质检和试验检测人员。

(3)监理工程师的检查。监理工程师的质量检查与验收,是对承包单位作业活动质量的复核与确认,但不能替代承包单位的自检,而是在承包单位自检合格的基础上进行的。未经专职质量员检查合格,监理工程师一律拒绝进行检查。

2)技术复核工作监控

凡涉及施工作业技术活动基准和依据的技术工作,都应该进行由专人负责的严格的复核检查,以免基准失误给整个工程质量带来难以补救的或全局性的危害。例如:工程的定位、轴线、标高,预留孔洞的位置和尺寸,混凝土的配合比等。技术复核是承包单位应履行的技术工作责任,其复核的结果应报送监理工程师复核,确认后才能进行后续的相关施工。

3)见证取样送检工作的监控

见证是指由监理工程师现场监督承包单位某工序全过程和完成情况的活动。见证取样则是指对工程项目使用的材料、半成品、构配件的现场取样、工序活动效果的检查实施见证。

为确保工程质量,建设部颁布了《房屋建筑工程和市政基础设施工程实行见证取样和送检的规定》(建建〔2000〕211 号)。该规定指出,为了规范房屋建筑工程和市政基础设施工程中涉及结构安全的试块、试件和材料的见证取样和送检工作,保证工程质量,根据《建设工程质量管理条例》制定本规定。

上述规定内容要点是:国务院建设行政主管部门负责对全国房屋建筑工程和市政基础设施工程的见证取样和送检工作实施统一监督管理;县以上地方人民政府建设行政主管部门对本行政区域内的房屋建筑工程和市政基础设施工程的见证取样和送检工作实施监督管理;涉及结构安全的试块、试件和材料见证取样和送检的比例不得低于有关技术标准中规定应取样数量的 30%;承担取样质量的检测单位必须经过省级以上的建设行政主管部门的认证;规定中指出多种必须实施见证取样和送检的试块、试样及材料;见证人员应由建设单位或该工程的监管单位具备建筑施工试验知识的专业技术人员担任,并应由建设单位或该工程的监理单位书面通知承包单位、检测单位和该工程的质量监督机构;取样人员应在试样或其包装上做出标识、标志,并做好取样和送检记录;检测单位应严格按照有关管理规定和技术标准进行检测,出具公正、真实、准确的检测报告。

4) 工程变更的监控

施工过程中,由于勘察、设计的原因,或由于外界自然条件的变化,施工现场出现的新情况,以及施工工艺方面的限制,建设单位要求的改变等诸多原因,均会涉及工程变更。做好工程变更的控制工作,也是作业过程质量控制的一项重要内容。

5) 级配管理质量监控

建设工程中,均会涉及材料的级配,不同材料的混合拌制,最典型的是混凝土的拌制。由于不同的原材料的级配、配合比及拌制后的产品对最终工程质量有重要的影响,因此监理工程师要做好相关的质量控制工作。

监理工程师对级配管理质量监控工作可分为三部分:拌和原材料的质量控制;材料配合比的审查;现场作业的质量控制——检查现场的拌和设备和计量装置,投入原材料按批准的配合比试生产,必要时进行配合比调整,调整时按技术复核的要求和程序执行。

6) 计量工作质量控制

计量是施工作业过程的基础工作之一,计量作业效果对工程质量有重大影响。监理工程师对计量工作的质量监控包括:对施工过程中使用的计量仪器、检测设备、称重衡器的质量控制;对从事计量作业人员技术水平资格的审核,尤其是现场从事施工测量的测量员,从事试验、检测的试验工等;现场计量操作的质量控制——作业者的实际作业质量直接影响到作业效果,计量作业现象的质量控制主要是检查其操作方法是否得当。

7) 质量记录资料的监控

质量记录资料是施工承包单位进行工程施工或安装期间实施质量控制活动的记录,它详细记录了工程施工阶段质量控制活动的全过程。质量记录资料不仅在工程施工期间对工程质量的控制有重要作用,而且在工程竣工和投入使用后,对于查询和了解工程建设的质量情况,以及工程维修和管理也能提供大量有用的资料与信息。

质量记录资料包括施工现场质量管理检查记录资料,工程材料、半成品、构配件、设备的质量记录,施工过程中作业活动质量记录资料。

监理工程师应督促承包单位自工程项目施工或安装开始,即根据建设单位的要求及有关工程竣工验收资料组卷归档的有关规定,将有关的工程项目质量记录资料整理组卷,交建设单位或自行归档。施工质量记录资料应真实、齐全、完整,字迹清楚,结论明确,签字齐备。

8)监理例会的管理

监理例会是施工过程中参加建设工程项目各方沟通情况、解决分歧、形成共识、做出决定的主要渠道,也是监理工程师进行质量控制的重要场所。通过监理例会,监理工程师检查分析施工过程的质量情况,指出存在的问题。承包单位提出整改措施,并做出相应的保证。除监理例会外,监理工程师还可以组织专题会议。为了搞好以上两种会议,监理工程师要充分做好调查研究工作,充分了解情况,以便做出准确的判断和正确的决策。此外,要讲究工作方法,协调处理各种矛盾,在不断提高会议质量的基础上,使监理例会真正起到解决质量问题的作用。

9)停、复工令的实施

在施工过程中,如监理工程师发现存在严重的质量隐患或发生严重的质量事故,以及发现建筑材料、构配件、半成品和设备严重不合格时,可由总监理工程师下达“工程暂停令”,要求承包单位于停工后全力以赴排除停工原因,进行整改。停工原因被排除后,经承包单位申请,项目监理机构核实后,由总监理工程师下达批准复工的指令。

(五)施工阶段质量控制手段

1.审核技术文件、报告和报表

这是对工程质量进行全面监督、检查与控制的重要手段。

审核的具体内容包括:审核进入施工现场的分包单位资质证明文件,控制分包工程的质量;审查承包单位的开工申请文件,检查、核实与控制其施工准备工作质量;审查承包单位提交的项目管理实施规划(施工组织设计、施工方案),确保工程施工质量有可靠的技术措施;审批承包单位提交的有关材料、半成品和构配件的质量证明文件(出厂合格证、质量检验或试验报告等),确保工程质量有可靠的物质基础;审核承包单位提交的反映工序施工质量的动态统计资料或管理图表;审核承包单位提交的有关工序产品质量的证明文件(检验记录及试验报告),工序交接检查(自检)、隐蔽工程检查、分部分项工程质量检查报告等文件、资料,确保和控制施工过程的质量;审批有关工程变更、修改设计图纸等,确保设计及施工图纸的质量;审核有关新技术、新工艺、新材料、新结构等的技术鉴定书,审批其应用申请报告,确保新技术应用的质量;审批有关工程质量问题或质量事故的处理报告,确保质量问题或质量事故处理质量;审核与签署现场有关质量技术签证、文件等。

2.指令文件与一般管理文件

指令文件是监理工程师运用指令控制权表达监理工程师对承包单位提出指示或命令的书面文件,属于要求强制性执行的文件。一般情况下,监理工程师从全局利益和目标出发,在对某项施工作业或管理问题,经过充分调研、沟通和决策后,要求承包单位严格按监理工程师的意图和主张实施。对此,承包单位负有全面正确执行指令的责任,监理工程师负有监督指令实施效果的责任,因此它是一种非常慎重而严肃的管理手段。监理工程师的各项指令都是用书面下达的,如因时间紧迫,也可先用口头方式将指令下达给承包单位,然后及时补充书面文件。指令文件一般均以监理工程师通知单的方式下达。对于特殊性质的指令,如工程开工/复工暂停令、工程变更指令等,应使用指定的专用表格。

一般管理文书,如监理工程师信函、备忘录、会议纪要、发布的有关信息和情况通报等,主要是对承包单位工程状态和行为提出建议、希望与劝阻等,不属强制性要求执行,仅供承包单位自主决策参考。

3. 现场监督和检查

(1)开工前的检查。主要是检查开工前准备工作的质量,能否保证正常施工及工程施工质量。

(2)工序施工中的跟踪监督、检查与控制。主要监督、检查在工序施工过程中,人员、施工机械设备、材料、施工方法或操作以及施工环境条件等是否均处于良好的状态,是否符合保证工程质量的要求,若发现有问题,及时纠偏和加以控制。另外,通过目测法(看、摸、敲、照),实测法(靠、吊、量、套)得来的实测数据与施工规范及质量标准所规定的允许偏差对照,判别质量是否合格。

对于重要的和对工程质量有重大影响的工序与工程部位,还应在现场进行施工过程的旁站监督与控制,确保使用材料及工艺过程质量。

现场监督和检查方式有如下几种:

(1)旁站。旁站是指在建设工程施工阶段监理中,监理人员对关键部位、关键工序的施工质量实施全过程现场跟班的监督活动。有关旁站监理的指导性、法令性文件是建设部于 2002 年 7 月 17 日颁布的《房屋建筑工程施工旁站监理管理办法(试行)》(建市〔2002〕189 号)。该文件中对要求实施旁站监理的关键部位和关键工序、旁站监理的程序、旁站监理人员的职责等做出了说明与规定。当旁站监理人员发现承包单位有违反工程建设强制性标准的行为时,有权采取措施要求承包单位立即整改,直至可以向承包单位下达局部暂停施工指令。实行旁站监理,能够及时发现承包单位在施工中的违章施工或违章操作,使施工质量进一步得到保证。

(2)巡视。巡视是指监理人员对正在施工的部位或工序现场进行的定期或不定期的监督活动,在施工过程中,监理人员必须加强对现场的巡视、旁站监督与检查,及时发现违章操作和不按设计要求,施工图纸或施工规范、规程或质量标准施工的现象,对不符合质量要求的及时进行纠正和严格控制。

(3)平行检验。监理工程师利用一定的检查或检测手段在承包单位自检的基础上,按照一定的比例独立进行检查或检测活动。它是监理工程师质量控制的一种重要手段,在技术复核及复验工作中采用,是监理工程师对施工质量进行验收,做出自己独立判断的重要依据之一。

4. 规定质量控制工作程序

监理单位与承包单位双方规定必须遵守的质量控制工作程序,按规定的程序进行工作,这也是进行质量控制的必要和有效手段。例如:开工申请签认程序,单位工程质量控制程序,工程预检、隐检,分项、分部工程验收程序等。通过程序化管理,使监理工程师的质量控制工作进一步落实,做到科学化、规范化的管理和控制。

5. 利用支付手段

利用支付手段来控制工程质量是国际上一种通用的重要手段,也是建设单位或合同中赋予监理单位工程师的支付控制权。从根本上讲,国际上对合同条件的管理主要是采用经济手段和法律手段。因此,质量监理是以计量支付控制权为保障手段的。所谓支付控制权,就是对承包单位支付任何工程款项,均需由总监理工程师审核签认支付证明书,没有总监理工程师签署的支付凭证,建设单位不得向承包单位支付工程款。工程款支付的条件之一就是工程质量必须达到规定的要求和标准。

四、工程质量评定与验收

(一)水利工程质量评定

1. 工程项目划分的基本原则

根据《水利水电工程施工质量检验与评定规程》(SL 176—2007),为进行质量评定,需要将水利水电工程项目划分为单位工程、分部工程、单元工程等三级。有关工程项目划分的基本原则如下:

(1)单位工程,指具有独立发挥作用或独立施工条件的建筑物。单位工程按设计及施工部署和便于质量管理的原则进行划分。

(2)分部工程,指在一个建筑物内能组合发挥一种功能的建筑安装工程,是组成单位工程的各个部分。对单位工程安全、功能或效益起控制作用的分部工程称为主要分部工程。分部工程应按功能进行划分,同一单位工程中,同类型的各个分部工程的工程量不宜相差太大,不同类型的各个分部工程投资不宜相差太大。

(3)单元工程,指分部工程中由几个工种施工完成的最小综合体,是日常质量考核的基本单位。单元工程按照施工方法、部署以及便于进行质量控制和考核的原则划分。

(4)重要隐蔽工程,指主要建筑物的地基开挖、地下洞室开挖、地基防渗、加固处理和排水工程等。

(5)工程关键部位,指对工程安全或效益有显著影响的部位。

(6)中间产品,指需要经过加工生产的土建类工程的原材料及半成品。

(7)水利水电工程质量,指国家和水利水电行业的有关法律、法规、技术标准、设计文件和合同中,对水利水电工程的安全、适用、经济、美观等特性的综合要求。

(8)外观质量得分率,指单位工程外观质量实际得分占应得分数的百分数。

(9)对于堤防工程的项目划分按有关要求进行。

2. 工程质量检验的基本要求

根据《水利水电工程施工质量检验与评定规程》(SL 176—2007),工程质量检验的基本要求是:

(1)计量器具需经县级以上人民政府技术监督部门认定的计量检定机构或其授权设置的计量检定机构进行检定,并具备有效的检定证书。

(2)检测人员熟悉检测业务,了解被检测对象和所用仪器设备性能,并经考核合格,持证上岗。参与中间产品质量资料复核人员应具有初级以上工程系列技术职称。

(3)施工单位应建立完善的质量保证体系,要有专门的质量管理机构和健全的管理制度,并具备与工程相应的质量检验、测试仪器设备。建设(监督)单位应有相应的质量检查机构和健全的管理制度。

(4)工程质量检验项目的名称和数量应符合《水电水利基本建设工程单元工程质量等级评定标准》的规定。量的名称、量的单位和符号采用国家法定计量单位。

(5)水利水电工程质量检验方法,应符合《水电水利基本建设工程单元工程质量等级评定标准》和国家及水利水电行业现行技术标准的有关规定。

(6)永久性工程(包括主体工程及附属工程)施工质量检验职责范围:施工单位应按照《水电水利基本建设工程单元工程质量等级评定标准》规定的检验项目及数量全面进行自检,并做好施工记录,如实填写"水电水利工程施工质量等级评定表";建设(监理)单位应根据《水电水利基本建设工程单元工程质量等级评定标准》复核工程质量;质量监督机构实行以抽查为主要方式的监督制度。

(7)临时工程质量检验项目及评定标准,由建设(监理)、设计及施工单位参照《水电水利基本建设工程单元工程质量等级评定标准》的要求研究决定,并报相应的质量监督机构核备。

(8)工程质量检验包括施工准备检查,中间产品与原材料质量检验,水工金属结构、启闭机及机电产品质量检查,单元工程质量检验,质量事故检查及工程外观质量检验等程序。

3. 工程质量评定的基本要求

根据《水利水电工程施工质量检验与评定规程》(SL 176—2007),水利水电工程质量等级分为"合格"和"优良"两级,有关质量评定的基本要求如下。

1)水利水电工程施工质量等级评定依据

(1)《水电水利基本建设工程单元工程质量等级评定标准》和国家及水利水电行业有关事故规程、规范及技术标准。

(2)经批准的设计文件、施工图纸、金属结构设计图样与技术条件、设计修改通知书、厂家提供的设备安装说明书及有关技术文件。

(3)工程承发包合同中采用的技术标准。

(4)工程试运行期的试验及观测分析成果。

2)单元工程质量评定标准

单元工程质量评定标准按《水电水利基本建设工程单元工程质量等级评定标准》执行。

单元工程(或工序)质量达不到评定标准合格规定时,必须及时处理。其质量等级按下列规定确定:全部返工重做的,可重新评定质量等级;经加固补强并经鉴定能达到设计要求,其质量只能评为合格;经鉴定达不到设计要求,但建设(监理)单位认为能基本满足安全和使用功能要求的,可不加固补强;或经加固补强后,改变外形尺寸或造成永久性缺陷的,经建设(监理)单位认为基本满足设计要求,其质量可按合格处理。

3)分部工程质量评定标准

合格标准:单元工程质量全部合格;中间产品质量及原材料质量全部合格;金属结构及启闭机制造质量合格;机电产品质量合格。

优良标准:单元工程质量全部合格,其中有50%以上达到优良;主要单元工程、重要隐蔽工程及管件部位的单元工程质量优良,且未发生过质量事故;中间产品质量全部合格,其中混凝土拌和物质量达到优良;原材料质量、金属结构及启闭机制造质量合格;机电产品质量合格。

4)单位工程质量评定标准

合格标准:分部工程质量全部合格;中间产品质量及原材料质量全部合格;金属结构及启闭机制造质量合格;机电产品质量合格;外观质量得分率达到70%以上;施工质量检验资料基本齐全。

优良标准:分部工程质量全部合格,其中有50%以上达到优良;主要分部工程质量优良,且施工中未发生过重大质量事故;中间产品质量全部合格,其中混凝土拌和物质量达到优良;原材料质量、金属结构及启闭机制造质量合格;机电产品质量合格;外观质量得分率达到85%以上;施工质量检验资料齐全。

5)工程项目质量评定标准

合格标准:单位工程质量全部合格。

优良标准:单位工程质量全部合格,其中有50%以上的单位工程为优良,且主要建筑物单位工程为优良。

4. 工程质量评定监理机构主要职责

根据《水利工程施工监理规范》(SL 288—2014)规定,工程质量评定监理机构主要职责包括:

(1)审查承包人填报的单元工程(工序)质量评定表的规范性、真实性和完整性,复核单元工程(工序)施工质量等级,由监理工程师核定质量等级并签证认可。

(2)重要隐蔽单元工程及关键部位单元工程质量经承包人自评、监理机构抽检后,按有关规定组成联合小组,共同检查核定其质量等级并填写签证表。

(3)在承包人自评的基础上,复核部分工程的施工质量等级,报发包人认定。

(4)参加发包人组织的单位工程外观质量评定组的检验评定工作;在承包人自评的基础上,结合单位工程外观质量评定情况,复核单位工程施工质量等级,报发包人认定。

(5)单位工程质量评定合格后,统计并评定工程项目质量等级,报发包人认定。

(二)水利工程验收的基本要求

根据《水利水电建设工程验收规程》(SL 223—2008),水利水电工程验收分为分部工程验收、阶段验收、单位工程验收和竣工验收。按照验收的性质,可分为投入使用验收和完工验收。

1. 验收的基本要求

(1)当工程具备验收条件时,应及时组织验收。未经验收或验收不合格的工程不得交付使用或进行后续工程施工。验收工作应相互衔接,不应重复进行。

(2)验收工作的主要内容:检查工程是否按照批准的设计进行建设;检查已完工程在设计、施工、设备制造安装等方面的质量,并对验收遗留问题提出处理要求;检查工程是否具备运行或进行下一阶段建设的条件;总结工程建设中的经验教训,并对工程做出评价;及时移交工程,尽早发挥投资效益。

(3)验收工作的依据是有关法律、规章和技术标准,主管部门有关文件,批准的设计文件及相应设计变更、修改文件,施工合同,监理签发的施工图纸和说明,设备技术说明书等。

(4)工程进行验收时必须要有质量评定意见。按照水利行业现行标准《水利水电工程施工质量检验与评定规程》(SL 176—2007)进行质量评定;阶段验收和单位工程验收应有水利水电工程质量监督单位的工程质量评价意见;竣工验收必须由水利水电工程质量监督单位的工程质量评定报告,竣工验收委员会在其基础上鉴定工程质量等级。

(5)验收工作由验收委员会(组)负责,验收结论必须经 2/3 以上验收委员会成员同意。

(6)验收委员会(组)成员必须在验收成果文件上签字。验收委员(组员)的保留意见应在验收鉴定书或签证中明确记载。

(7)工程验收的遗留问题,各有关单位应按验收委员会(组)所提要求,负责按期处理完毕。

(8)根据《水利水电建设工程验收规程》(SL 223—2008),验收资料制备由项目法人负责统一组织,有关单位应按项目法人的要求及时完成。验收资料分为所需提供资料和所需备查资料。需归档资料应符合《水利工程建设项目档案管理规定》(水办〔2005〕480号)要求。

2. 工程验收监理机构的主要职责

根据《水利工程施工监理规范》(SL 288—2014)规定,工程验收监理机构主要职责如下:

(1)参加或受发包人委托主持分部工程验收,参加发包人主持的单位工程验收、水电站(泵站)中间机组启动验收和合同工程完工验收。

(2)参加阶段验收、竣工验收,解答验收委员会提出的问题,并作为被验单位在验收鉴定书上签字。

(3)按照工程验收有关规定提交工程建设监理工作报告,并准备相应的监理备查资料。

(4)监督承包人按照分部工程验收、单位工程验收、合同工程完工验收、阶段验收等验收鉴定书中提出的遗留问题处理意见,完成处理工作。

(三)建设工程施工质量验收

1. 概述

1)工程施工质量验收的组成

工程施工质量验收是工程建设质量控制的一个重要环节,包括工程施工质量的中间验收和工程的竣工验收两个方面。通过对工程建设中间产出品和最终产品的质量验收,从过程控制到终端把关两个方面进行工程项目的质量控制,以确保达到建设单位所要求的功能和使用价值,实现建设投资的经济效益和社会效益。工程项目的竣工验收是项目建设程序的最后一个环节,是全面考核项目建设成果,检查设计与施工质量,确认项目能否投入使用的重要步骤。

2)建筑工程施工质量验收统一标准、规范体系的构成

建筑工程施工质量验收统一标准、规范体系由《建筑工程施工质量验收统一标准》(GB 50300—2013)和各专业验收规范共同组成,在使用过程中它们必须配套使用,其中

《建筑工程施工质量验收统一标准》是建筑工程各专业验收规范通用准则。

3)施工质量验收统一标准、规范体系编制的指导思想

为了进一步做好工程质量验收工作,结合当前建设工程质量管理的方针和政策,增强各种规范间的协调性及适用性,并考虑与国际惯例接轨,在建筑工程施工质量验收标准、规范体系的编制中坚持“验评分离,强化验收,完善手段,过程控制”的指导思想。

4)施工质量验收统一标准、规范体系编制的依据及其相互关系

编制的依据主要有《中华人民共和国建筑法》《建设工程质量管理条例》《建筑结构可靠度设计统一标准》及其他有关设计规范等。验收统一标准及专业验收规范体系的落实和执行,还需要有关标准的支持,包括:施工工艺标准——工艺标准、操作标准(企业标准)、工作标准(管理标准);检测方法标准——基本试验方法标准、现场检测方法标准;评优标准——建筑优良工程评优标准。

2. 建筑工程施工质量验收的术语和基本规定

1)施工质量验收的有关术语

(1)验收:建筑工程在承包单位自行质量检查评定的基础上,参与建设活动的有关单位共同对检验批、分项、分部、单位工程的质量进行抽样复验,根据相关标准以书面形式对工程质量达到合格与否做出确认。

(2)检验批:按同一生产条件或按规定的方式汇总起来供检验用的、由一定数量样本组成的检验体。检验批是施工质量验收的最小单位,是分项工程乃至整个建筑工程质量验收的基础。

(3)主控项目:建筑工程中的对安全、卫生、环境保护和公共利益起决定性作用的检验项目。

(4)一般项目:除主控项目以外的项目都是一般项目。

(5)观感质量:通过观察和必要的量测所反映的工程外在质量。

(6)返修:对工程不符合标准规定的部位采取整修等措施。

(7)返工:对不合格的工程部位采取重新制作、重新施工等措施。

2)施工质量验收的基本规定

施工现场质量管理应有相应的施工技术标准、健全的质量管理体系、施工质量检验制度和综合施工质量水平评价考核制度,并做好施工现场质量管理检查记录。

“施工现场质量管理检查记录”使用《建筑工程施工质量验收统一标准》(GB 50300—2013)中的表“A. O. I”。由承包单位填写,总监理工程师(建设单位项目负责人)进行检查,并做出检查结论。

建筑工程施工质量应按下列要求进行验收:建筑工程施工质量应符合建筑工程施工质量验收统一标准和相关专业验收规范的规定;建筑工程施工应符合工程勘察、设计文件的要求;参加工程施工质量验收的各方人员应具备规定的资格;工程质量的验收应在承包单位自行检查评定的基础上进行;隐蔽工程在隐蔽前应由承包单位通知有关方进行验收,并应形成验收文件;涉及结构安全的试块、试件及有关材料,应按规定进行见证取样检测;检验批的质量应按主控项目和一般项目验收;对涉及结构安全和使用功能的分部工程应进行抽样检测;承担见证取样检测及有关结构安全检测的单位应具有相应资质;工程观感

质量应由验收人员通过现场检查,并应共同确认。

3. 建筑工程施工质量验收层次的划分

1)划分的目的

建设工程施工质量验收涉及建筑工程施工过程控制和竣工验收控制两个环节,合理划分建筑工程施工质量验收层次是十分必要的,特别是不同专业工程的验收批次如何确定,将直接影响到质量验收工作的科学性、经济性、实用性和可操作性。因此,有必要统一划分工程施工质量验收的层次。

2)划分的层次

由于现代工程建设规模不断扩大,技术复杂程度越来越高,一项单位工程可能使已建成的部分提前投入使用或先将其中部分提前建成使用,再加上对规模特别大的工程一次验收也不方便等原因,因此标准规定,可将此类工程划分为若干个子单位工程进行验收。同时考虑到建筑物内部设施越来越多样化,按建筑物的主要部位和专业来划分分部工程已不适应当前要求,因此在分部工程中,按相近工作内容和系统划分为若干个子分部工程,每个子分部工程中包括若干个分项工程,每个分项工程又包含着若干个检验批,检验批是工程施工质量验收的最小单位。

3)单位工程的划分原则

单元工程指具备独立施工条件并能形成独立使用功能的建筑物及构筑物。如一所学校中的一幢教学楼。

规模较大的单位工程,可将其能形成独立使用功能的一部分划分为一个子单位工程。子单位工程的划分一般可根据工程的建筑设计分区、使用功能的显著差异、结构缝的设置等实际情况进行。

室外工程可根据专业类别和工程规模划分单位(子单位)工程。

4)分部工程的划分原则

分部工程划分应按专业性质、建筑部位确定。如建筑工程划分为地基与基础、主体结构、建筑装饰、建筑屋面、建筑给水排水及采暖、建筑电气、智能建筑、通风与空调、电梯等九个分部工程。

当分部工程较大或较复杂时,可按施工程序、专业系统及类别划分为若干个子分部工程。

5)分项工程的划分原则

分项工程应按主要工种、材料、施工工艺、设备类别等进行划分。如混凝土结构工程中按主要工种分为模板工程、钢筋工程、混凝土工程等分项工程;按施工工艺又分为预应力、现浇结构、装配式结构等分项工程。

建筑工程的分部(子分部)工程、分项工程的具体划分可见《建筑工程施工质量验收统一标准》(GB 50300—2013)。

6)检验批的划分原则

分项工程可由一个或若干个检验批组成,检验批可根据施工及质量控制和专业验收需要,按楼层、施工段、变形缝等进行划分。

4. 建筑工程施工质量验收

1)检验批质量验收

检验批质量合格规定:主控项目、一般项目的质量经抽样检验合格;具有完整的施工操作依据、质量检查记录。

检验批按规定验收:资料完整性检查;各专业主控项目和一般项目的合格验收。

检验批的抽样方案:合理的抽样方案的制订对检验批的质量验收有十分重要的影响。

检验批质量验收记录:由施工项目专业质量检查员填写,专业监理工程师(建设单位专业技术负责人)组织项目专业质量检查员进行验收。

2)分项工程质量验收

分项工程质量验收在检验批质量验收的基础上进行。一般情况下,两者具有相同或相近的性质,只是批量的大小不同而已。因此,将有关的检验批汇集构成分项工程。分项工程合格质量的条件比较简单,只要构成分项工程的检验批的验收资料文件完整,并且已验收合格,则分项工程验收合格。

分项工程质量应由专业监理工程师(建设单位项目专业技术负责人)组织项目专业技术负责人等进行验收,并填写分项工程质量验收记录。

3)分部(子分部)工程质量验收

分部(子分部)工程质量验收合格应符合的规定:分部(子分部)工程所含分项工程的质量均应验收合格;质量控制资料应完整;地基与基础、主体结构和设备安装等分部工程有关安全及功能的检验和抽样检测结果符合有关规定;观感质量验收符合要求。

由于各分项工程的性质不尽相同,因此作为分部工程尚需增加两类检查:涉及安全和使用功能的地基基础、主体结构、安装分部工程,应进行有关见证取样送检试验或抽样检测。关于观感质量验收,只能以观察、触摸或简单量测方式进行,并由个人的主观印象判断,检查评价的结论为“好”“一般”“差”三种,对于“差”的检查点应通过返修处理等进行补救。

分部(子分部)工程质量应由总监理工程师(建设单位项目专业技术负责人)和有关勘察、设计单位项目负责人进行验收,并填写分部(子分部)工程验收记录。

4)单位(子单位)工程质量验收

单位(子单位)工程质量验收合格应符合下列规定:单位(子单位)工程所含分部(子分部)工程的质量应验收合格;质量控制资料应完整;单位(子单位)工程所含分部工程有关安全和功能的检测资料应完整;主要功能项目的抽查结果符合相关专业质量验收规范的规定;观感质量验收符合要求。

单位工程质量验收也称质量竣工验收,是建筑工程投入使用前的最后一次验收,也是最重要的一次验收。验收条件除上述要求外,还应进行以下三方面的检查:

(1)涉及安全和使用功能的分部工程应进行检验资料的复查。不仅要全面检查其完整性(不得有漏检缺项),而且对分部工程验收时补充进行的见证抽样检验报告也要复核。这体现了对安全和主要使用功能的重视。

(2)对主要使用功能还必须进行抽查。这是对建筑工程和设备安装工程最终质量的综合检查,也是用户最为关心的内容。抽查项目是在检查资料文件的基础上由参加验收的各方人员商定，并用计量、计数的抽样方法确定检查部位。检查要求按有关专业工程施工质量验收标准的要求进行。

(3)单位(子单位)工程质量竣工验收记录。“单位(子单位)工程质量竣工验收记录”是单位工程质量验收的汇总表，此表由承包单位填写，验收结论由监理(建设)单位填写。综合验收结论由参加验收的各方共同商定，建设单位填写，应对工程质量是否符合设计和规范要求及总体质量水平做出评价。其他用于单位(子单位)工程竣工验收的记录格式还有“单位(子单位)工程质量控制资料核查记录”“单位(子单位)工程观感质量检查记录”等。

5)工程施工质量不符合要求时的处理

一般情况下，不合格现象在检验批的验收时就应发现并及时处理，所有质量隐患必须消灭在萌芽状态，否则将影响后续检验批和相关的分项工程、分部工程的验收。但非正常情况可按下列规定进行处理：

(1)经返工重做或更换器具、设备的检验批，应重新验收。

(2)经有资质的检测单位鉴定达到设计要求的检测批，予以验收，虽然个别检验批发现有个别试块强度等不满足要求的问题。

(3)经有资质的检测单位鉴定达不到设计要求，但经原设计单位核算认为可以满足结构安全和使用功能的检验批，可予以验收。

(4)经返修或加固的分项、分部工程，虽然改变外形尺寸但仍能满足安全使用要求，可按技术处理方案和协商文件进行验收。

通过返修或加固仍不能满足安全使用要求的分部工程、单位(子单位)工程，严禁验收。

6)建筑工程施工质量验收的程序和组织

(1)检验批及分项工程的验收程序与组织。检验批由专业监理工程师组织承包单位专业质量检验员等进行验收；分项工程由专业监理工程师组织承包单位专业技术负责人等进行验收。

(2)分部工程的验收程序与组织。分部工程应由总监理工程师(建设单位项目负责人)组织承包单位项目负责人和项目技术、质量负责人等进行验收，与地基基础、主体结构分部工程相关的勘察、设计单位工程项目负责人和承包单位技术、质量部门负责人也应参加相关分部工程验收。

(3)单位(子单位)工程的验收程序与组织。单位工程达到竣工验收条件后，承包单位应在自查、自评工作完成后，填写“工程竣工报验单”，并将全部竣工资料报送项目监理机构，申请竣工验收。总监理工程师应组织各专业监理工程师对竣工资料及各专业工程的质量情况进行全面检查，对查出的问题，应督促承包单位及时整改，对需要进行功能试验的项目(包括单机试车和无负荷试车)，监理工程师应督促承包单位及时进行试验，并对重要项目进行监督、检查，必要时请建设单位和设计单位参加。监理工程师应认真审查试验报告并督促承包单位搞好成品保护和现场清理。

竣工资料及实物经项目监理机构全面检查、验收合格后，由总监理工程师签署“工程竣工报验单”，并向建设单位提出质量评估报告。

正式验收:建设单位收到工程验收报告后,由建设单位(项目)负责人组织承包单位(含分包单位)、设计、监理等单位(项目)负责人进行单位(子单位)工程验收。建设工程竣工验收应当具备的条件如下:有完整的技术档案和施工管理资料;有工程使用的主要建筑材料、建筑构配件和设备的进场试验报告;有勘察、设计、施工、工程监理等单位分别签署的质量合格文件;有施工单位签署的工程保修书。

单位工程由分包单位施工的,分包单位对所承包的工程项目应按规定的程序检查评定,总包单位应派人参加。分包工程完成后,应将工程有关资料交总包单位。

由几个承包单位负责施工的单位工程,当其中的承包单位所负责的子单位已按设计完成,并经自行检验后,也可组织正式验收,办理交工手续。在整个单位工程进行全部验收时,已验收的子单位工程验收资料应作为单位工程验收的附件。

参加验收各方对工程质量检验意见不一致时,可请当地建设行政主管部门或工程质量监督部门协调处理。

单位工程竣工验收备案:单位工程质量检验合格后,建设单位在规定的时间内将工程竣工验收报告和有关文件报建设行政管理部门备案。

五、工程质量问题与质量事故处理

(一)概述

根据国际标准化组织(ISO)和我国有关质量、质量管理和质量保证标准的定义,凡工程产品质量没有满足某个规定的要求,就称之为质量不合格。

凡是工程质量不合格,必须进行返修、加固或报废处理。由此造成直接经济损失低于5 000元的称为质量问题(质量缺陷),直接经济损失在5 000元(含5 000元)以上的称为工程质量事故。

现行国家标准对工程质量事故通常按造成的损失严重程度进行分类:

(1)一般质量事故,直接经济损失5 000(含5 000)元以上、5万元以下。

(2)较大质量事故,直接经济损失5万元(含5万元)以上、10万元以下,重伤2人以下。

(3)重大质量事故,直接经济损失10万元(含10万元)以上,死亡或重伤3人以下。

监理工程师要学会区分工程质量不合格、质量问题和质量事故,应准确判定工程质量不合格,正确处理工程质量不合格和工程质量问题。了解工程质量事故处理的程序,在工程质量事故处理过程中如何正确对待有关各方,掌握工程质量事故处理方案,确定基本处理方法和处理结果的鉴定验收程序。

监理工作中质量控制重点之一是加强质量风险分析,及早制定对策和措施,重视工程质量事故的防范和处理,避免已发生的质量问题和质量事故进一步恶化与扩大。

(二)工程质量问题及处理

1. 工程质量问题的成因

1)常见问题的成因

(1)违反建设程序。建设程序是工程项目建设过程及其客观规律的反映,不按建设程序办理,例如未搞清地质情况就仓促开工,边设计、边施工,无图施工等,常常是导致工程质量问题的重要原因。

(2)违反法规行为。例如,无证设计,无证施工,超等级设计,超等级施工,违反法规分包、挂靠,擅自修改设计等。

(3)地质勘查失真。未认真进行地质勘查或勘探时钻孔深度、间距、范围不符合规定要求,地质勘查报告不详细、不准确、不能全面反映实际的地基情况,勘察结论有错误等,导致错误的基础设计方案,引发工程质量问题。

(4)设计差错。例如,盲目套用图纸、采用不正确的结构方案、结构计算错误等,都是引发工程质量问题的原因。

(5)施工管理不到位。不按图施工;未经设计单位同意擅自修改设计;施工组织管理混乱;不熟悉图纸,盲目施工;施工方案考虑不周,施工顺序颠倒;违章作业;疏于检查、验收等,均可能导致质量问题。

(6)使用不合格的原材料、制品及设备。例如,使用不合格的钢筋、水泥和砂石料;混凝土的强度不足;预制构件截面尺寸不足,支承锚固长度不足,未可靠地建立预应力值;变配电设备质量缺陷导致自燃或火灾;电梯质量不合格危及人身安全等,均可造成工程质量问题。

(7)自然环境因素。空气温度、湿度、暴雨、大风、洪水、雷电、地震、日晒和浪潮等均可能成为工程质量问题的诱因。

(8)使用不当。对建筑物或设施使用不当也易造成质量问题。例如,任意拆除承重结构部位,任意在结构物上开槽、打洞、削弱承重结构截面,未经校核验算就任意对建筑物加层等,也会引起工程质量问题。

2)成因分析

由于影响工程质量的因素众多,要分析究竟是哪种原因引起的,必须对质量问题的特征表现,以及其在施工中和使用中所处的实际情况和条件进行具体的分析。分析的基本步骤可概括如下:

(1)进行细致的现场调查研究,观察记录全部情况,充分了解与掌握引发质量问题的现象和特征。

(2)收集调查与质量问题有关的全部设计和施工资料,摸清工程在施工或使用过程中所处的环境及面临的各种条件和情况。

(3)找出可能产生质量问题的所有因素。

(4)分析、比较和判断,找出最可能造成质量问题的原因。

(5)进行必要的计算分析或模拟试验予以证实确认。

2.工程质量问题事故的处理

监理工程师对施工中出现的细小的质量问题,应尽可能在日常巡视、旁站监理和隐检、预检及分项、分部工程验收过程中及时解决。

1)质量问题

对于一般可以通过返工、返修的工程质量缺陷,应责成承包单位先写出质量问题报告,说明情况并提出处理意见,经过专业监理工程师核实和研究,必要时要经过建设单位、设计单位认可,确定处理方案,批复承包单位处理,处理后重新验收。

2)一般质量事故

一般工程质量事故是指工程质量缺陷严重,需要返工处理或加固补强,总监理工程师应责令承包单位报送质量事故调查报告和经过设计单位等相关单位认可的处理方案,经项目监理机构审查核准后交承包单位执行。项目监理机构应对质量事故的处理过程和处理结果进行跟踪检查验收。

3)重大工程事故

工程事故是指工程施工中发生意外情况,如工程结构倒塌、设施严重破损、发生人员伤亡等,对人身、财产、环境造成严重损害。一般可分为较大工程事故及重大工程事故两类。事故发生后,承包单位应立即向项目监理机构提出书面报告,项目监理机构应立即报告当地政府的劳动、公安保卫、检察、环保和建设行政等主管部门以及设计单位。工程质量事故调查组组织有关各方对事故进行调查,查明事故发生原因及损失情况,提出处理方案,经有关主管部门批准后执行。项目监理机构应配合调查组执行其指示。项目监理机构可协助建设单位进行财产损失的评估与处理,但对人员伤亡的处理,原则上不宜介入。

当发生质量事故或重大工程事故时,总监理工程师可根据质量事故及重大工程事故的实际情况,或当情况严重需部分或全部停工时,可按"工程暂停及复工的管理"处理。

(三)工程质量事故的成因及特点

工程质量事故是较严重的工程质量问题,其成因与工程质量问题基本相同。

工程质量事故具有复杂性、严重性、可变性和多发性的特点。

(1)复杂性。建筑工程与一般工业相比具有产品固定,生产流动;产品多样、结构类型不一;露天作业多、自然条件复杂多变;多种材料、多工种、多专业交叉施工,相互干扰大;施工方法各异,技术标准不一等特点。因此,造成工程质量的原因极为复杂,即使是同一类质量事故,其产生的原因和处理方案也不会相同,这构成了质量事故的复杂性。

(2)严重性。工程项目一旦出现质量事故,其影响较大。轻者影响施工顺利进行、拖延工期、增加工程费用;重者则会留下隐患,称为危险建筑物,影响使用功能或不能使用;更严重的还会引起建筑物的失稳、倒塌,造成人民生命、财产损失的严重后果。

(3)可变性。许多工程发生质量事故后,其质量状态并非稳定于发现时的初始状态,而是有可能随着时间不断地发展、变化。例如,建筑物基础的沉降就是随着荷载的增加而不断下沉。所以,在分析和处理工程质量事故时,一定要考虑质量事故的可变性。

(4)多发性。建筑工程中的质量事故,往往在一些工程部位中经常发生,例如,悬挑梁板断裂、雨篷塌覆、钢屋架失稳等。因此,总结经验,吸取教训,采取有效措施予以预防是十分必要的。

(四)工程质量事故处理的依据

工程质量事故处理的主要依据有四个方面:质量事故的实况资料,具有法律效力的、得到有关当事各方认可的工程承包合同、设计委托合同、材料设备购销合同以及委托监理合同等合同文件,有关的技术文件、档案和相关的建设法规。在以上四方面依据中,前三种是与特定的工程项目密切相关的具有特定性质的依据。而第四种法规性依据是具有很高权威性、约束性、通用性和普遍性的依据,因而在处理工程质量事故时,具有极其重要的作用。

1.质量事故的实况资料

(1)承包单位的质量事故调查报告。质量事故发生后,承包单位有责任就所发生的质量事故进行周密的调查、研究,掌握实际情况,并在此基础上写出调查报告,提交给项目监理机构及建设单位。其内容应包括:质量事故发生的时间、地点;事故状况的简要概述,例如,发生的事故类型(如混凝土裂缝、砌筑砖墙裂缝)、发生的部位(如楼层、梁、柱及其所在的具体位置)、分布状态及范围、严重程度(如裂缝长度、宽度、深度等);质量事故发展变化的情况(其范围是否继续扩大,状态是否已经稳定等);有关质量事故的观测记录、事故现场状态的照片或录像。

(2)监理单位调查研究所获得的第一手资料,其内容大致与承包单位调查报告中有关内容相似,可用来与承包单位所提供的情况对照、核实。

2.有关合同及合同文件

(1)所涉及的合同文件可以是工程承包合同、委托设计合同、设备与器材购销合同、委托监理合同等。

(2)有关合同和合同文件在处理质量事故中的作用。确定在施工过程中有关各方是否按照合同有关条款实施其活动,借以探寻产生质量事故的可能原因。此外,有关合同文件还是界定质量责任的重要依据。

3.有关的技术文件和档案

(1)有关的设计文件。如施工图纸和技术说明等,是施工的重要依据。在处理质量事故中,一方面可以对照设计文件核查施工质量是否完全符合设计的规定和要求;另一方面可以根据所发生的质量事故情况,核查设计是否存在问题或缺陷,是否是导致质量事故的一种原因。

(2)与施工有关的技术文件、档案和资料。项目管理实施规划(施工组织设计、施工方案);施工记录、施工日志等;有关建筑材料的质量证明材料;现场制备材料的质量证明资料;质量事故发生后,对事故状态的观测记录、试验记录或试验报告等;其他有关资料。

4.相关的建设法规

1998年3月1日实施的《中华人民共和国建筑法》,为加强建设活动的监督管理、维护市场秩序、保护建筑工程质量提供了法律保障。这部工程建设和建筑业大法的实施,标志着我国工程建设和建筑业进入了法制管理的新时期。与工程质量及质量事故处理有关的建设法规有以下几类:

(1)设计、施工、监理等单位资质管理方面的法规。建设部于2007年实施的《建设工程勘察设计企业资质管理规定》、《建筑业企业资质管理规定》和《工程监理企业资质管理规定》等规定。

(2)从业者资质管理方法的法规。1992年建设部颁发的《监理工程师考试和注册试行办法》等。

(3)建筑市场方面的法规。1999年10月1日施行的《中华人民共和国合同法》和2000年1月1日施行的《中华人民共和国招标投标法》。2001年建设部与国家工商行政管理局共同发布的《建设工程勘察合同》《建设工程设计合同》《建设工程施工合同》《建设工程委托监理合同》等示范文本。

（4）建筑施工方面的法规。以《中华人民共和国建筑法》为基础，国务院于 2000 年颁布了《建设工程质量管理条例》，于 2003 年颁布了《建设工程安全生产管理条例》。

（5）关于标准化管理方面的法规。国家质量技术监督局于 2001 年发布的国家标准《质量管理体系标准》（GB/T 19000、19001、19004—2000）等。

六、施工阶段项目监理机构质量控制

（一）工程质量控制原则

（1）以施工图纸、施工及验收技术规范、规章、质量验评标准等为依据，督促承包单位全面实现施工合同约定的工程质量标准。

（2）主动对工程项目施工的全过程实施质量控制，并以预控（预防）为重点。

（3）对工程的人、机、料、法、环（4M1E）等因素进行全面的质量监控，督促承包单位的质量保证体系落实到位，并正常发挥作用。

（4）要求承包单位严格执行材料试验、设备检验及施工试验等制度，对承包单位的实验室进行考核与批准。

（5）严格要求承包单位执行预检、隐检、分项及分部（子分部）工程的验收制度。

（6）坚持不合格的建筑材料、建筑构配件及设备不得使用于工程。

（7）坚持本道工序未验收或质量不合格，不得进入下道工序。

（8）施工过程中严格监督承包单位执行已被批准的项目管理规划（施工组织设计、施工专项方案等），如需要调整、补充或变动，应报项目监理机构审查、审批。

（9）以工序质量保证分项（检验批）工程质量，以分项工程质量保证分部工程质量，以分部工程质量保证单位工程质量。

（10）工程质量是工程项目监理工作的核心，监理工程师应以自己的工作质量保证工程质量。

（二）工程质量控制方式

（1）按照项目监理规划及监理实施细则的规定，对施工全过程进行全面监控，及时纠正违规操作，清除质量隐患，跟踪质量问题，验证纠正效果。

（2）采用经常的巡视、检查、观察、测量和平行检验等手段，以验证施工质量。

（3）对关键部位和重要工序的施工过程进行旁站监理。

（4）严格执行现场见证取样和送检制度。

（5）对不合格的分包单位和不称职的承包单位人员建议予以撤换。

（6）监理人员发现重大工程质量事故或重大质量隐患时，应要求承包单位立即整改，必要时可下达工程暂停工令。

（三）事前控制

在施工准备阶段，监理人员应熟悉和掌握工程质量控制的依据与方式方法，并对承包人的施工准备工作进行全面的检查及控制。

（1）检查承包单位项目经理部组织机构和质量管理制度。

落实项目经理部的机构设置、人员配备、职责分工情况；查验各级管理人员和专业操作人员的持证上岗情况；督促各级质量检查人员的配备及上岗情况；检查质量管理制度是否完备健全。对不符合要求的人员，监理人员有权要求撤换。有分包单位的，还应审查分包单位资质及人员。

(2)审查施工方案、方法和工艺。

审查承包人提交的施工组织设计或施工计划，以及施工质量保证措施。主要审查组织体系及质量保证体系是否健全；施工总体布置是否符合规定，是否能保证施工顺利进行，是否有利于保证质量，是否满足施工导流及防洪要求；审核基础工程、主体工程、设备安装工程的施工组织设计措施，是否具有针对性及可靠性，是否有预防措施，能否保证工程质量；审核施工单位提交的施工计划及施工方案、施工程序、施工方法是否合理可行，施工机械设备及人员配备与组织能否满足质量及进度的需要等。施工组织设计和专项施工方案经项目监理机构批准后监督执行。

(3)对原材料、构配件、半成品、设备器材等的质量控制。

凡运到施工现场的原材料、构配件、半成品、设备器材，应有产品出厂合格证及技术说明书，施工单位应按规定及时进行检查、验收，向监理人员提交检验或试验报告，经监理人员审查并确认合格后，方准进场。对于大型设备，应由厂方进行组装、调整和试验，经其自检合格后，再由项目法人复检，复检合格后方予以验收。对于进口产品，应会同国家商检部门进行。

(4)工程定位及标高基准控制。

工程施工测量放线是工程建设由设计转化为实物的第一步，施工测量质量的好坏直接影响工程的最终质量及相关工序的质量。因而监理人员应要求承包人，对于给定的原基准点、基准线和参考高程控制点进行复核，经审核批准后承包人方能据以进行准确的测量放线。

(5)组织设计交底与图纸会审。

设计图纸是监理单位和施工单位进行质量控制的重要依据。为使施工单位尽快熟悉图纸，同时为了在施工前及时发现和减少图纸的错误，开工前，建设单位应组织设计单位、施工单位和监理单位进行设计交底与图纸会审。

(6)审查与核准工程试验条件。

严格审查与核准承包单位的工地实验室、见证取样送检实验室，考察其资格等级证书、试验范围，试验设备的规格、型号、精度、性能，法定计量管理部门对试验设备出具的计量检定证明，管理制度，人员资格证书等，确认该实验室能满足本项目各项试验的要求，并建立定期或不定期的考核制度。见证取样送检实验室必须与承包单位无隶属关系。

(7)做好施工场地及道路条件的保证。

为保证施工单位能尽早进入施工现场，监理工程师协调项目法人按照施工单位施工的需要，及时提供所需的场地和施工通道以及水、电供应等条件，以保证及时正常开工。

(8)承包单位和项目监理机构进场后，工程开工前，总监理工程师主持第一次监理工地例会，建设单位、监理单位、承包单位相关人员参会，监理机构记录。第一次监理工地会议也是事前控制措施之一。

(9)其他措施。

主动与当地政府建设工程或行业质量监督部门联系，以取得其指导与支持；要求承包单位编制成品保护方案，审核批准后监督执行等。

（四）事中控制

对施工过程的质量监控，必须以工序质量控制为基础和核心。工序是人员、材料、机械设备、施工方法和环境等因素对工程质量综合作用的过程，落实在各项工序的质量监控上，便是设置质量控制点，严格质量监控。

（1）制定现场巡视检查制度。专业监理工程师及监理员应对施工现场进行有目的的巡视检查，发现问题时先口头通知承包单位及时改正，必要时再发书面通知，并要求承包单位将整改结果书面回复，监理人员进行复查。

（2）严格工程验收程序，核查工程预检、隐检及分项（检验批）、分部工程验收。

（3）严格执行工程变更、工程洽商制度。施工过程中，由于勘察设计的原因，或由于外界自然条件的变化、施工现场的新情况，以及施工工艺方面的限制、建设单位要求的改变等原因，均会涉及工程变更，做好工程变更的控制工作，也是作业过程质量控制的一项重要内容。

（4）加强对施工现场的材料、构配件、设备质量的监理抽查及施工质量的监理抽检工作。

（5）加强见证取样送检工作的监控。见证取样是指对工程项目使用的材料、半成品、构配件的现场取样，工序活动效果的检查实施见证。监理人员应做好取样和送检记录。

（6）定期召开监理例会或工程质量专题会议，研究和改进工程质量。

（7）定期检查承包单位的作业技术交底的记录，参与承包单位对关键部位或技术难度大、施工复杂的检验批、分项工程的技术交底。

（8）针对工程的定位、轴线、标高、预留孔洞的位置和尺寸，混凝土的配合比等进行技术复核工作。

（9）督促承包单位建立真实、齐备、完整的工程资料，并要求与工程进度同步。

（10）对不称职的施工管理员、不合格的分包单位，坚决要求承包单位予以撤换。

（11）发生工程质量问题和质量事故应及时处理。

（12）必要时总监理工程师可向承包单位下达“工程暂停令”。无论部分或全部暂停施工前，都应征得建设单位同意。

（五）事后控制

对施工过程中已完成的产品质量的控制，是围绕工程验收和工程质量评定为中心进行的。

（1）对施工过程中出现的质量问题、质量事故，监理工程师要求承包单位分析原因，并提出整改要求。

（2）单位工程（子单位、群体工程、小区）全部施工完成达到竣工交验条件时，总监理工程师组织各专业监理工程师、监理员对各项专业工程的质量情况、使用功能及竣工技术资料进行全面检查，将发现影响竣工交验的问题向承包单位提出整改要求。

（3）需要进行功能试验（包括无负荷试车）时，监理工程师应督促承包单位及时进行试验。监理工程师应认真审核试验报告，对重要的试验项目，监理工程师应亲自在现场监督，必要时邀请建设、设计、设备制造单位参加。

（4）以上工作完成后，经验收合格，总监理工程师可组织竣工初验（预验收），建设单位组织正式验收。

七、工程质量保修期监理工作

（一）工程质量保修期工作概述

（1）委托监理合同中注明的监理工作范围包括工程质量保修期时，总监理工程师应负责工程质量保修期的监理工作。

（2）承包单位应按照有关法律、法规及国家关于工程质量保修的有关规定，对交付给建设单位的工程在质量保修期内承担保修责任。

（二）工程质量保修期的监理工作内容

（1）工程竣工验收之前，总监理工程师应协助建设单位与承包单位签订“工程质量保修书”。

（2）总监理工程师审批承包单位提交的工程质量保修期工作计划，并监督执行。

（3）总监理工程师定期指派监理工程师对建设单位进行回访，听取意见和要求，建立回访记录。

（4）总监理工程师对建设单位提出的工程质量缺陷进行检查记录，并分清责任；对承包单位进行修复的工程质量进行验收，合格者予以签认，并签发“保修完成证书”。

（5）对非承包单位原因造成的工程缺陷，如委托承包单位进行修复，监理人员应核实修复工程的费用和签署支付证明，报建设单位支付。

（6）保修期结束，总监理工程师协助建设单位确定保修工作完成情况，协助建设单位按照“工程质量保修书”的规定结算工程质量保修保留金（保证金）。

（7）总监理工程师组织监理工程师及时整理好工程质量保修期各项记录，作为监理资料存档，并编写工作总结报送建设单位。

任务三　施工进度控制

一、进度控制概述

（一）基本概念

工程建设的进度控制是指在工程项目各建设阶段编制进度计划，将该计划付诸实施，在实施的过程中经常检查实际进度是否按计划要求进行，如有偏差则分析产生偏差的原因，采取补救措施或调整、修改原计划，直至工程竣工，交付使用。

进度控制、质量控制、投资控制是工程项目建设监理“三大控制”目标。它们之间有着相互依赖、相互制约的关系。进度控制是实现工程工期目标的基本保证。工程进度的失控，必然导致人力、物力的浪费，甚至可能影响工程质量和安全。拖延工期后赶进度，不仅使工程的直接建设费用增加，工程质量也易出现问题。在关键时刻（如截流、下闸蓄水）赶不上工期，错过有利的施工时机，将会带来重大的损失。

工程项目的进度，受许多因素的影响，建设者需事先对影响进度的各种因素进行调查，预测它们对进度可能产生的影响，编制科学合理的进度计划，指导建设工作按计划进行。然后根据动态控制原理，不断进行检查，将实际情况与计划安排进行对比，找出偏离计划的原因，特别是找出主要原因，采取相应的措施，对进度进行调整或修正，再按新的计划实施，这样不断地计划、执行、检查、分析、调整计划的动态循环过程，就是进度控制。

建设工程进度控制的最终目的是确保建设项目按预定的时间动用或提前交付使用，建设工程进度控制的总目标是建设工期。

（二）影响进度的因素

由于建设项目具有庞大、复杂、周期长、相关单位多等特点，因而影响进度的因素很多。从产生的根源看，有来源于建设单位及上级机构的，有来源于设计、施工及供货单位的，有来源于政府、建设部门、有关协作单位和社会的，也有来源于监理单位本身的。归纳起来，这些因素包括以下几方面：

（1）人的干扰因素。如建设单位因使用要求改变而提出的设计变更；建设单位应提供的场地条件不及时或不能满足工程需要；勘察资料不准确，特别是地质资料错误或遗漏而引起的不能预料的技术障碍；设计、施工中采用不成熟的工艺或技术方案失当；图纸供应不及时、不配套或出现差错；计划不周，导致停工待料和相关作业脱节，工程无法正常进行；建设单位越过监理职权进行干涉，造成指挥混乱等。

（2）材料、机具、设备干扰因素。如材料、构配件、机具、设备供应环节的差错，品种、规格、数量、时间不能满足工程的需要等。

（3）地基干扰因素。如受地下埋藏文物的保护、处理的影响。

（4）资金干扰因素。如建设单位资金方面的问题，未及时向承包单位或供应商拨款等。

（5）环境干扰因素。如交通运输受阻，水、电供应不具备，外单位临近工程施工干扰，节假日交通、市容整顿的限制；向有关部门提出各种申请审批手续的延误；安全、质量事故的调查、分析、处理及争端的调解、仲裁；恶劣天气、地震、临时停水停电、交通中断、社会动乱等。

受以上因素影响，工程会产生延误。工程延误归纳为两大类：一类是指由于承包单位自身的原因造成的工期延长，其一切损失由承包单位自己承担，同时建设单位还有权对承包单位施行违约误期罚款；另一类是指由于承包单位以外的原因造成的工期延长，经监理工程师批准的工程延误，所延长的时间属于合同工期的一部分，承包单位不仅有权要求延长工期，而且还有权向建设单位提出赔偿的要求以弥补由此造成的额外损失。

监理工程师应对上述各种因素进行全面的预测和分析，公正地区分工程延误的两大类原因，合理地批准工程延长的时间，以便有效地进行进度控制。

（三）工程项目进度控制任务

进度控制是一项系统工作，是按照计划目标和组织系统，对项目各个部分的行为进行检查，以保证协调地完成总体目标。进度控制的主要任务如下：

（1）编制工程项目建设监理工作进度控制计划。

（2）审查承包单位提交的进度计划。

（3）检查并掌握工程实际进度情况。

(4)把工程项目的实际进度与计划目标进行比较,分析计划提前或拖后的主要原因。

(5)决定应该采取的相应措施和补救方法。

(6)及时调整计划,使总目标得以实现。

(四)进度控制方法

工程项目进度控制方法主要是规划、控制和协调。规划就是指确定施工项目总进度控制目标及单项工程或单位工程进度控制目标。控制是指在项目实施的全过程中,分阶段对实际进度与计划进度进行比较,出现偏差及时采取措施调整。协调是指协调与项目进度有关的单位、部门和工作队(组)之间的工作节奏与进度关系。

(五)进度控制措施

施工项目进度控制采取的主要措施有组织措施、经济措施、技术措施、合同措施和信息管理措施等。

1. 组织措施

组织措施包括以下内容:

(1)建立项目的进度控制目标体系。

(2)健全项目管理的组织体系,在项目组织结构中应有专门的工作部门和符合进度控制岗位资格的专人负责进度控制工作。进度控制的主要工作环节包括进度目标的分析和论证、编制进度计划、定期跟踪进度计划的执行情况、采取纠偏措施以及调整进度计划,这些工作任务和相应的管理职能应在项目管理组织设计的任务分工表和管理职能分工表中标示并落实。

(3)建立进度报告、进度信息沟通网络、进度计划审核、进度计划实施中的检查分析、图纸审查、工程变更和设计变更管理等制度。

(4)编制项目进度控制的工作流程,如确定项目进度计划系统的组成,确定各类进度计划的编制程序、审批程序和计划调整程序等。

(5)建立进度协调会议制度,进行有关进度控制会议的组织设计,明确会议的类型、各类会议的主持人及参加单位和人员、各类会议的召开时间和地点、各类会议文件的整理及分发和确认等。

2. 经济措施

经济措施是指实现进度计划的资金保证措施以及可能的奖罚措施。常见的经济措施包括以下内容:

(1)编制资源需求计划(资源进度计划),包括资金需求计划和其他资源(人力资源和物力资源)需求计划,以反映工程实际各时段所需要的资源。通过资源需求的分析,从而可发现所编制的进度计划实现的可能性,若资源条件不具备,则应调整进度计划,同时考虑可能的资金总供应量、资金来源(自有资金和外来资金)以及资金供应的时间。

(2)及时办理工程预付款及工程进度款支付手续。

(3)在工程预算中应考虑加快工程进度所需要的资金,其中包括为实现进度目标将要采取的经济激励措施所需要的费用,如对应急赶工给予优厚的赶工费用及对工期提前给予奖励等。

(4)对工程延误收取误期损失赔偿金。

3. 技术措施

技术措施主要是指切实可行的施工部署、施工方案及加快施工进度的技术方法。主要体现为规划、控制和协调。规划就是确定项目的总进度目标和分进度目标；控制就是在项目进展的全过程中，进行计划进度与实际进度的比较，发现偏离就及时采取措施进行纠正；协调就是协调参加单位之间的进度关系。

4. 合同措施

合同措施是指对分包单位签订分包合同或施工项目内部工作协议，应与施工项目进度目标相互协调、吻合。分包合同的开始和竣工时间及持续时间应与施工项目进度计划相符。其主要包括以下内容：

(1)选择合理的承发包合同结构，以避免过多的合同交界面而影响工程的进展。

(2)加强合同管理和索赔管理，协调合同工期与进度计划的关系，保证合同中进度目标的实现；同时严格控制合同变更，尽量减少由于合同变更引起的工程拖延。

(3)分析影响工程进度的风险，并提出采取风险管理措施，以减少进度失控的风险量。

5. 信息管理措施

信息管理措施是指不断收集工程实施实际进度的有关信息并进行整理统计后与计划进度比较，定期向施工项目经理部、施工企业、业主方提供进度报告。

二、工程进度计划实施中的监测

工程项目实施过程中，影响进度的因素很多，因此在项目进度计划的执行过程中，必须采取系统的进度控制措施。为了进行进度控制，施工项目经理部计划职能管理人员应经常地、定期地跟踪检查施工实际进度，主要是收集施工项目进度信息，在一个确定的检查期末进行统计，以确定施工项目当期实际进度状况，将实际进度与计划进行对比分析。进度监测系统过程主要包括以下工作。

(一)进度计划执行中的跟踪检查

跟踪检查项目实际进度是项目进度控制的关键工作，其目的是收集实际进度信息。跟踪检查的时间和收集信息的质量，直接影响施工项目进度控制的质量和效果。监理工程师必须认真做好以下三方面的工作：

(1)及时收集进度报表资料。进度报表是反映实际进度的主要方式之一，承包单位要按照监理制度规定的时间、格式和报表内容填写进度报表。监理工程师根据进度报表数据了解工程实际进度。

(2)派监理人员常驻现场，检查进度计划的实际情况。监理人员常驻现场，可以加强进度监测工作，掌握实际进度的第一手资料，使其数据更准确。

(3)定期召开现场会议。定期召开现场会议，便于监理工程师与执行单位有关人员面对面了解实际进度情况，同时可以协调有关方面的进度。

进度检查的时间间隔与工程项目的类型和规模、监理的对象及有关条件等多方面因素有关。可视具体情况，每半月或每周进行一次。

(二)整理、统计和分析收集的数据

对施工项目跟踪检查获得的施工项目实际进度信息,要进行必要的整理,以施工项目结构分析较低层次的项目单元以及工作包、施工进度计划中的各项工作为控制对象进行统计,形成与计划进度具有可比性的数据、相同的量纲和形象进度。一般可以按实物工程量、工作量、劳动消耗量、施工成本以及累积百分比整理和统计实际检查数据,以便与相应的计划完成量相对比。

(三)实际进度与计划进度的对比

将定期检查并整理的实际进度信息与项目计划进度信息进行比较,得出实际进度比计划进度拖后、超前还是一致的结论。常用的比较方法有横道图比较法、S 曲线比较法、香蕉曲线比较法、前锋线比较法和列表比较法等。通过比较得出实际进度与计划进度的对比结果。对比结果有三种情况:相一致、超前、拖后。

1. 横道图比较法

横道图比较法是指将在项目实施中检查实际进度收集的信息,经整理后直接用横道线并列标于原计划的横道线处,进行直观比较的方法,如图 2-1 所示。

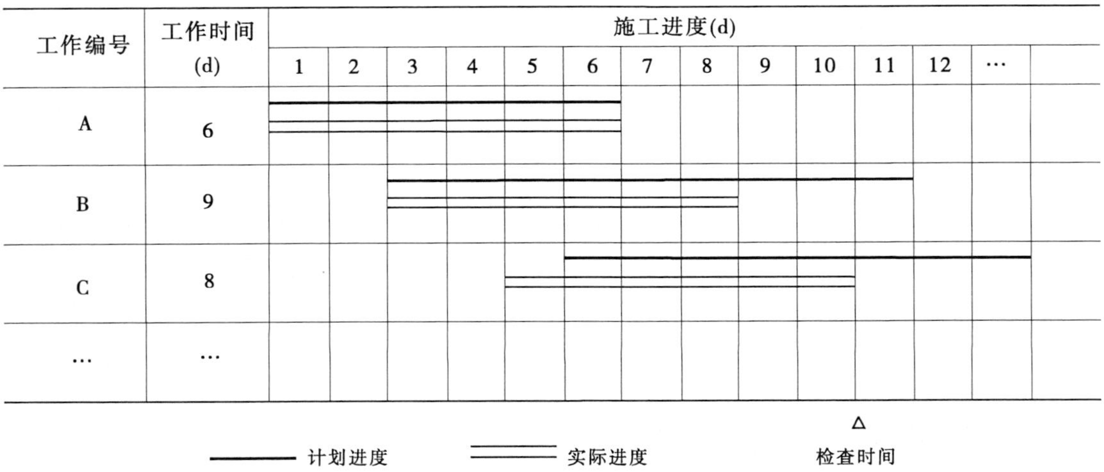

图 2-1　某基础工程实际进度与计划进度比较

该方法只适用于工作从开始到完成的整个过程中其进展速度是不变的,累计完成的任务量与时间成正比。该方法具有如下特点:

(1)优点。①能明确地表示出各项工作的开始时间、结束时间和持续时间。②一目了然,易于理解,能够被各层次的人员(上至决策指挥者,下至基层操作人员)所掌握和运用。

(2)缺点。①不能明确地反映出各项工作之间的相互关系,在计划执行过程中,某些工作的进度提前或拖延时,不便于分析其对其他工作及总工期的影响程度。②不能明确地反映出影响工期的关键工作和关键线路,不便于进度控制人员抓住主要矛盾。③不能反映出各项工作所具有的机动时间,因而不便于施工进度管理和资源调配。

2. S 曲线比较法

S 曲线比较法是以横坐标表示时间、纵坐标表示累计完成任务量,绘制一条按计划时

间累计完成任务量的 S 曲线,然后将工程项目实施过程中各检查时间实际累计完成任务量的 S 曲线也绘制在同一坐标系中,进行实际进度与计划进度比较的一种方法。

S 曲线比较法也是在图上进行工程项目实际进度与计划进度的直观比较。在工程项目实施过程中,按照规定时间将收集到的实际累计完成任务量绘制在原计划 S 曲线图上,即可得到实际进度 S 曲线,如图 2-2 所示。

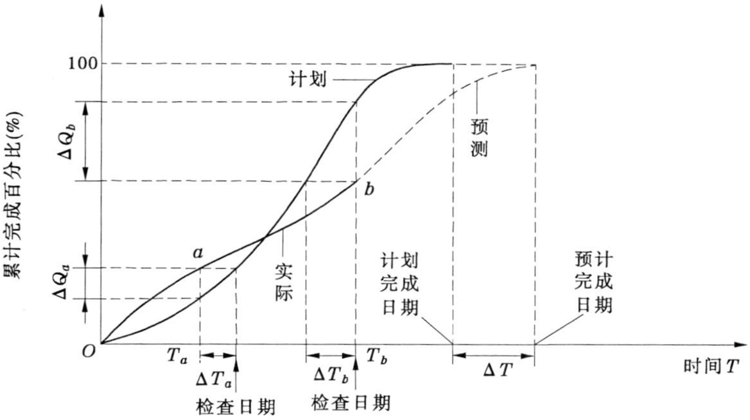

图 2-2 S 曲线比较法

通过比较实际进度 S 曲线和计划进度 S 曲线,可以获得如下信息:

(1)工程项目整体实际进展状况。如果工程实际进展点落在计划 S 曲线左侧,表明此时实际进度比计划进度超前,如图 2-2 中的 a 点;如果工程实际进展点落在计划 S 曲线右侧,表明此时实际进度拖后,如图 2-2 中的 b 点;如果工程实际进展点正好落在计划 S 曲线上,则表示此时实际进度与计划进度一致。

(2)工程项目实际进度超前或拖后的时间。在 S 曲线比较图中可以直接读出实际进度比计划进度超前或拖后的时间。如图 2-2 所示,ΔT_a 表示 T_a 时刻实际进度超前的时间,ΔT_b 表示 T_b 时刻实际进度拖后的时间。

(3)工程实际超额或拖欠的任务量。在 S 曲线比较图中也可以直接读出实际进度比计划进度超额或拖欠的任务量。如图 2-2 所示,ΔQ_a 表示 T_a 时刻超额完成的任务量,ΔQ_b 表示 T_b 时刻拖欠的任务量。

(4)后期工程进度预测。如果后期工程按原计划速度进行,则可做出后期工程计划 S 曲线,如图 2-2 中 b 点后的虚曲线所示,从而可以确定工期拖延预测值 ΔT。

3. 香蕉曲线比较法

香蕉曲线是由两条 S 曲线组合而成的闭合曲线。由 S 曲线比较法可知,工程累计完成的任务量与计划时间的关系可以用一条 S 曲线表示。而对于一个工程项目的网络计划来说,如果以其中各项工作的最早开始时间安排进度而绘制 S 曲线,称为 ES 曲线;如果以其中各项工作的最迟开始时间安排进度而绘制 S 曲线,称为 LS 曲线。两条 S 曲线具有相同的起点和终点,因此两条曲线是闭合的。在一般情况下,ES 曲线上的其余各点均落在 LS 曲线相应点的左侧。由于该闭合曲线形似“香蕉”,故称为香蕉曲线,如图 2-3 所示。

香蕉曲线比较法能直观地反映工程项目的实际进展情况,并可以获得比 S 曲线更多

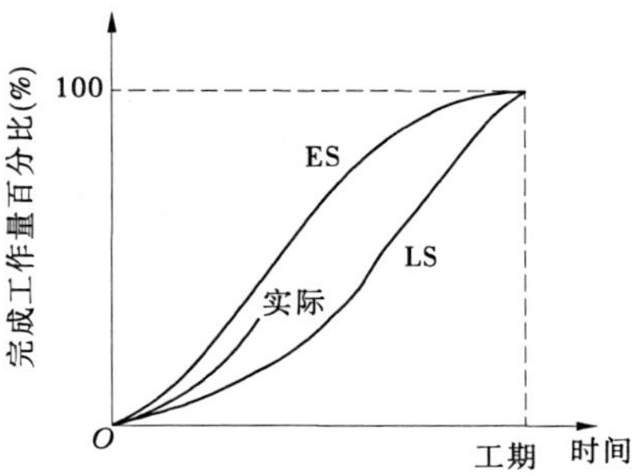

图 2-3　某施工项目进度香蕉曲线比较法示意图

的信息。其主要作用有:合理安排施工项目进度计划,定期比较施工项目的实际进度与计划进度,预测后期工程进展趋势。在项目的实施中,进度控制的理想状况是任一时刻按实际进度描出的点,应落在该香蕉曲线的区域内。

4. 前锋线比较法

前锋线比较法主要适用于时标网络计划。从检查时刻的时标点出发,将检查时刻正在进行工作的点都依次连接起来,组成一条一般为折线的前锋线。根据前锋线与箭线交点的位置判定工程实际进度与计划进度的偏差。对某项工作来说,其实际进度与计划进度之间的关系可能存在以下三种情况:

(1)工作实际进展点在检查日期左侧,表明该工作实际进度拖后,拖后时间为二者之差。

(2)工作实际进展点在检查日期右侧,表明该工作实际进度超前,超前时间为二者之差。

(3)工作实际进展点与检查日期重合,表明该工作实际进度与计划进度一致。

图 2-4 为某工程施工项目进度前锋线比较法示意图。

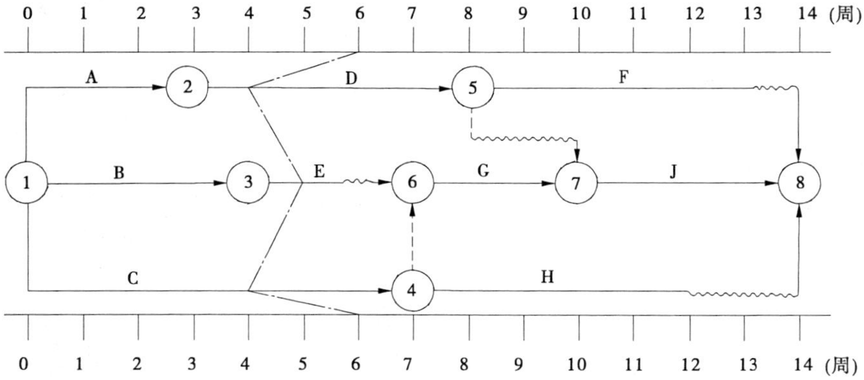

图 2-4　某工程施工项目进度前锋线比较法示意图

由图 2-4 可见,该计划执行到第 6 周末检查实际进度时,发现工作 A 和 B 已经全部完成,工作 D、E 分别完成计划任务量的 20% 和 50%,工作 C 尚需 3 周完成。图中点画线表示第 6 周末实际进度检查结果。

5. 列表比较法

当采用无时间坐标网络图计划时,也可以采用列表比较法,比较工程实际进度与计划进度的偏差情况。该方法是记录检查时应该进行的工作名称和已进行的天数,然后列表计算有关时间参数,根据原有总时差和尚有总时差判断实际进度与计划进度的比较方法。列表比较法步骤如下:

(1)计算检查时应该进行的工作 $i \cdot j$ 尚需作业时间 $T_{i \cdot j}^{②}$,其计算公式为:

$$T_{i \cdot j}^{②} = D_{i \cdot j} - T_{i \cdot j}^{①}$$

式中　$D_{i \cdot j}$——工作 $i-j$ 的计划持续时间;

$T_{i \cdot j}^{①}$——工作 $i-j$ 检查时已经进行的时间。

(2)计算工作 $i \cdot j$ 检查时至最迟完成时间的尚余时间 $T_{i \cdot j}^{③}$,其计算公式为:

$$T_{i \cdot j}^{③} = LF_{i \cdot j} - T_2$$

式中　$LF_{i \cdot j}$——工作 $i-j$ 的最迟完成时间;

T_2——检查时间。

(3)计算工作 $i \cdot j$ 尚有总时差 $TF_{i \cdot j}^{①}$,其计算公式为:

$$TF_{i \cdot j}^{①} = T_{i \cdot j}^{③} - T_{i \cdot j}^{②}$$

(4)填表分析工作实际进度与计划进度的偏差。可能有以下几种情况:

若工作尚有总时差与原有总时差相等,则说明该工作的实际进度与计划进度一致。

若工作尚有总时差小于原有总时差,但仍为正值,则说明该工作的实际进度比计划进度拖后,产生的偏差值为二者之差,但不影响总工期;若尚有总时差为负值,则说明对总工期有影响。

【例】 已知网络计划如图2-5所示,在第5 d检查时,发现工作A已完成,工作B已进行1 d,工作C已进行2 d,工作D尚未开始。试用列表比较法进行实际进度与计划进度比较。

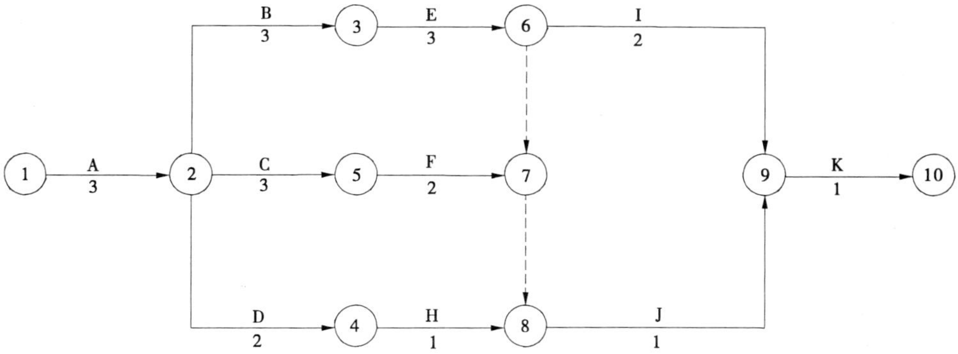

图2-5　网络计划

解:(1)计算检查时计划应进行的工作尚需作业时间 $T_{i \cdot j}^{②}$。如工作B:

$$T_{2 \cdot 3}^{②} = D_{2 \cdot 3} - T_{2 \cdot 3}^{①} = 3 - 1 = 2(\mathrm{d})$$

(2)计算工作检查时至最迟完成时间的尚余时间 $T_{i \cdot j}^{③}$。如工作B:

$$T_{2\cdot 3}^{③} = LF_{2\cdot 3} - T_2 = 6 - 5 = 1(\mathrm{d})$$

(3)计算工作尚有总时差 $TF_{i\cdot j}^{①}$。如工作 B:

$$TF_{2\cdot 3}^{①} = T_{2\cdot 3}^{③} - T_{2\cdot 3}^{②} = 1 - 2 = -1(\mathrm{d})$$

其余有关工作 C 和 D 的时间数据计算方法相同,见表 2-1。

(4)填表分析工作实际进度与计划进度的偏差。将有关数据填入表格的相应栏目内,并进行情况判断,见表 2-1。

表 2-1　工程进度检查比较表

工作代号	工作名称	检查计划时尚需作业天数 $T_{i\cdot j}^{②}$	到计划最迟完成时尚余天数 $T_{i\cdot j}^{③}$	原有总时差 $TF_{i\cdot j}$	尚有总时差 $TF_{i\cdot j}^{①}$	情况判断
2－3	B	2	6－5＝1	0	－1	影响工期 1 d
2－5	C	1	8－5＝3	2	2	正常
2－4	D	2	8－5＝3	3	1	正常

三、工程建设施工阶段进度控制

施工阶段是工程项目得以实施并形成建设产品的重要阶段。在此阶段,需要消耗大量的人力、财力和物力,加之水利工程建设本身的特点,如周期长,投资大,技术综合性强,受地形、地质、水文、气象和交通运输、社会经济等因素影响大等,加强计划管理更显得十分重要。在施工阶段,施工进度一旦拖延,要保证计划工期,后继工作就得赶工作业,这就意味着建设直接费用可能增加。进度拖延幅度越大,需要增加的费用将会越多。如果进度拖延导致工程工期拖延,不仅工程建设的直接费用增加,而且更为严重的是工程不能按期投产,将会给国民经济造成巨大损失。因此,施工阶段的进度控制是监理单位的重点工作之一。监理单位应以合同管理为中心,建立健全进度控制管理体系和规章制度,确定进度控制目标系统,严格审核承包人递交的进度计划。协调好建设有关各方的关系,监督资源按计划供应,加强信息管理,随时对进度计划的执行进行跟踪检查、分析和调整。处理好工程变更、工期索赔、施工暂停及工程验收等影响施工进度的重大合同问题,监督承包人按期或提前实现合同工期目标。

(一)监理人员施工进度控制的内容与权限

1. 监理人员施工进度控制的内容

监理人进度控制工作可分为事前控制、事中控制和事后控制等环节。

1)事前控制

事前控制是指合同项目正式施工前所进行的进度控制,其具体内容如下。

(1)编制施工进度控制监理实施细则。

施工阶段进度控制监理实施细则,是监理机构在施工阶段对项目实施进度控制的一个具有可操作性的文件。其内容应主要包括:

①建立施工进度目标系统。

②施工进度控制的主要任务和管理部门机构设置与部门、人员的职责分工。

③与进度控制有关的各项相关工作的时间安排,项目总的工作流程。

④施工阶段进度控制所采取的具体措施(包括进度检查日期、信息采集方式、进度报告形式、统计分析方法和信息流程等)。

⑤进度目标实现的风险分析。

(2)编制或审批施工总进度计划。

当采用多标发包形式施工时,为了项目总体施工进度的控制与工作协调,监理人可能需要编制施工总体进度计划,以便对各施工任务做出统一时间安排,使标与标之间的施工进度保持衔接关系,据此审批各承包人提交的施工进度计划。《水利工程施工监理规范》(SL 288—2014)规定,监理机构应在工程项目开工前依据施工合同约定的工期总目标、阶段性目标等,协助发包人编制控制性总进度计划。随着工程进展和施工条件的变化,监理机构应及时提请发包人对控制性总进度计划进行必要的调整。

按照合同审批各承包人提交的施工进度计划是监理机构进度控制的基本工作之一,经监理机构批准的进度计划称为合同性进度计划,是监理机构进度控制的重要依据。

(3)审批单位工程施工进度计划。

依据经批准的承包人总进度计划和工程进展情况,在单位工程开工前,监理人应审批承包人提交的单位工程进度计划,作为单位工程进度控制的基本依据。

(4)审批承包人提交的施工组织设计。

施工组织设计系统反映了承包人为履行合同所采取的施工方案、作业程序、组织机构与管理措施、资源投入、作业条件、质量与安全控制措施等,因此监理人应认真审核承包人的施工组织设计,以满足施工进度计划的要求。

(5)检查开工准备工作。

开工条件检查是监理人进度控制的基本环节之一。既包括检查发包人的施工准备,如施工图纸,应由发包人提供的场地、道路、水、电、通信以及土料场等,又包括检查承包人的人员与组织机构、进场资源(尤其是施工设备)与资源计划以及现场准备工作等。

2)事中控制

事中控制是指项目施工过程中进行的进度控制,这是施工进度计划能否付诸实现的关键环节。一旦发现实际进度与目标偏离,必须及时采取措施以纠正这种偏差。事中控制具体包括以下内容:

(1)跟踪监督检查现场施工情况,包括承包人的资源投入、资源状况、施工条件、施工方案、现场管理和施工进度等。

(2)监督检查工程设备和材料的供应。

(3)做好监理日志,收集、记录、统计分析现场进度信息资料,并将实际进度与计划进度进行比较。分析进度偏差将会带来的影响并进行工程进度预测,审批或研究进度改进措施。

(4)协调施工干扰与冲突,随时注意施工进度计划的关键控制节点的动态。

(5)审核承包人提交的进度统计分析资料和进度报告。

(6)定期向发包人汇报工程实际进展状况,按期提供必要的进度报告。

(7)组织定期和不定期的现场会议,及时分析、通报工程施工进度状况,并协调各承包人之间的生产活动。

(8)检查、核实组织向承包人提供按合同规定应由发包人提供的施工条件。

(9)处理好施工暂停、施工索赔等问题。

(10)预测、分析和防范重大事件对施工进度的影响。

3)事后控制

(1)及时组织验收工作。

(2)整理工程进度资料。施工过程中的工程进度资料一方面为发包人提供有用信息,另一方面也是处理施工索赔必不可少的资料,必须认真整理,妥善保存。

(3)工程进度资料的归类、编目和建档。施工任务完成后,这些工程进度资料将作为今后类似工程项目上施工阶段进度控制的重要参考资料,应将其编目和建档。

2. 监理人施工进度控制的合同权限

在发包人与监理人签订的监理委托合同中,明确规定了发包人授予监理人进行施工合同管理的权限,并在发包人与承包人签订的施工合同中予以明确,作为监理人进行施工合同管理的依据。根据《合同条件》的有关规定,监理人施工进度控制的权限如下。

1)签发开工通知(或称进场通知)

《合同条件》第 18.1 款规定:“监理人应在专用合同条款规定的期限内,向承包人发出开工通知。承包人应在接到开工通知后及时调遣人员和调配施工设备、材料进入工地”。在《水利工程施工监理规范》(SL 288—2014)中称为“进场通知”。

开工通知具有十分重要的合同效力,对合同项目开工日期的确定、开始施工具有重要作用。《水利工程施工监理规范》(SL 288—2014)规定如下:

(1)监理机构应在施工合同约定的期限内,经发包人同意后向承包人发出进场通知,要求承包人按约定及时调遣人员和施工设备、材料进场进行施工准备。进场通知中应明确合同工期起算日期。

(2)监理机构应协助发包人向承包人移交施工合同,约定应由发包人提供的施工用地、道路、测量基准点以及供水、供电、通信设施等开工的必要条件。

(3)承包人完成开工准备后,应向监理机构提交开工申请。监理机构在检查发包人和承包人的施工准备满足开工条件后,签发开工令。

(4)由于承包人原因使工程未能按施工合同约定时间开工,监理机构应通知承包人在约定时间内提交赶工措施报告并说明延误开工原因,由此增加的费用和工期延误造成的损失由承包人承担。

(5)由于发包人原因使工程未能按施工合同约定时间开工,监理机构在收到承包人提出顺延工期的要求后,应立即与发包人和承包人共同协商补救办法。由此增加的费用和工期延误造成的损失由发包人承担。

监理机构应审批承包人报送的每一分部工程开工申请,审核承包人递交的施工措施计划,检查该分部工程的开工条件,确认后签发分部工程开工通知。

2)审批施工进度计划

《合同条件》第 17 条规定:“承包人应按《技术条款》规定的内容和期限以及监理人的指示,编制施工总进度计划报送监理人审批。监理人应在《技术条款》规定的期限内批复承包人。经监理人批准的施工总进度计划(称合同进度计划),作为控制本合同工程进度的依据,并据此编制年、季和月进度计划报送监理人审批。""监理人认为有必要时,承包人应按监理人指示的内容和期限,并根据合同进度计划的进度控制要求,编制单位工程进度计划报送监理人审批。"

3)审批施工组织设计和施工措施计划

《合同条件》第5.5款规定:"承包人应按合同规定的内容和时间要求,编制施工组织设计、施工措施计划和由承包人负责的施工图纸,报送监理人审批,并对现场作业和施工方法的完备与可靠负全部责任。"

4)劳动力、材料、设备使用监督权和分包单位审核权

监理人有权深入施工现场监督检查承包人的劳动力、施工机械及材料等使用情况,并要求承包人做好施工日志,并在进度报告中反映劳动力、施工机械及材料等使用情况。

对承包人提出的分包项目和分包人,监理人应严格审核,提出建议,报发包人批准。

5)施工进度的监督权

《合同条件》第17.2款规定:"(1)不论何种原因发生工程的实际进度与第17.1款所述的合同进度计划不符时,承包人应按监理的指示在28天内提交一份修订进度计划报送监理人审批,监理人应在收到该进度计划后的28天内批复承包人。批准后的修订进度计划作为合同进度计划的补充文件。""(2)不论何种原因造成施工进度计划拖后,承包人均应按监理人的指示,采取有效措施赶上进度。承包人应在向监理人报送修订进度计划的同时,编制一份赶工措施报告报送监理人审批,赶工措施应以保证工程按期完工为前提调整和修改进度计划。由于发包人原因造成施工进度拖后,应按第20.2款的规定办理;由于承包人原因造成施工进度拖后,应按第20.3款的规定办理。"

6)下达施工暂停指示或复工通知

监理人下达施工暂停指示或复工通知,应事先征得发包人同意。根据《合同条件》第19款规定,监理人向承包人发布暂停工程或部分工程施工的指示,承包人应按指示的要求立即暂停施工。不论由于何种原因引起的暂停施工,承包人应在暂停施工期间负责妥善保护工程和提供安全保障。工程暂停施工后,监理人应与发包人和承包人协商采取有效措施积极消除停工因素的影响。当工程具备复工条件时,监理人应立即向承包人发出复工通知,承包人收到复工通知后,应在监理人指定的期限内复工。

7)施工进度协调权

监理人在认为必要时,有权发出命令协调施工进度,这些情况一般包括各承包人之间的作业干扰、场地与设施交叉、资源供给与现场施工进度不一致、进度拖延等。但是,这种进度的协调在影响工期改变的情况下,应事先得到发包人同意。

8)工期索赔的核定权

对于承包人提出的工期索赔,监理人有权组织核定,如核实索赔事件、审定索赔依据、审查索赔计算与证据材料等。监理人在从事上述工作时,作为公正的、独立的第三方开展工作,而不是仲裁人。

9)建议撤换承包人工作人员或更换施工设备

《合同条件》第13.4款规定:"承包人应对其在工地的人员进行有效的管理,使其能

做到尽职尽责。监理人有权要求撤换那些不能胜任本职工作或行为不端或玩忽职守的任何人员,承包人应及时予以撤换。”

《合同条件》第 15.5 款规定:“监理人一旦发现承包人使用的施工设备影响工程进度或质量时,有权要求承包人增加或更换施工设备,承包人应予及时增加或更换,由此增加的费用和工期延误责任由承包人承担。”

10)完工日期确定

《合同条件》第 52.3 款规定,监理人收到承包人提交的完工验收申请报告后,应审核其报告的各项内容,并按以下不同情况进行处理:

(1)监理人审核后发现工程尚有重大缺陷时,可拒绝或推迟进行完工验收,但监理人应在收到完工验收申请报告后的 28 天内通知承包人,指出完工验收前应完成的工程缺陷修复和其他的工作内容与要求,并将完工验收申请报告同时退还给承包人。承包人应在具备完工验收条件后重新申报。

(2)监理人审核后对上述报告及报告中所列的工作项目和工作内容持有异议时,应在收到报告后的 28 天内将意见通知承包人,承包人应在收到上述通知后的 28 天内重新提交修改后的完工验收申请报告,直至监理人同意。

(3)监理人审核后认为工程已具备完工验收条件,应在收到完工验收申请报告后的 28 天内提请发包人进行工程验收。发包人应在收到完工验收申请报告后的 56 天内签署工程移交证书,颁发给承包人。

(4)在签署移交证书前,应由监理人与发包人和承包人协商核定工程的实际完工日期,并在移交证书中写明。

(二)施工进度控制的措施

监理人监督现场施工进度,是一项经常性的工作。《合同条件》第 17.2 款规定:

(1)不论何种原因发生工程的实际进度与合同进度计划不符时,承包人应按监理人的指示在 28 天内提交一份修订的进度计划报送监理人审批,监理人应在收到该进度计划后的 28 天内批复承包人。批准后的修订进度计划作为合同进度计划的补充文件。

(2)不论何种原因造成施工进度计划拖后,承包人均应按监理人的指示,采取有效措施赶上进度。承包人应在向监理人报送修订进度计划的同时,编制一份赶工措施报告报送监理人审批,赶工措施应以保证工程按期完工为前提调整和修改进度计划。

在施工进度检查、监督中,监理人如果发现实际进度较计划进度拖延,一方面应分析这种偏差对工程后续进度及工程工期的影响,另一方面应分析造成进度拖延的原因。若工期拖延属于发包人责任或风险,则应在保留承包人工期索赔权利的情况下,经发包人同意,做出正确处理:批准工程延期或发出加速施工指令,同时商定由此给承包人造成的费用补偿。若工期拖延属于承包人自己的责任或风险造成的进度拖延,则监理人可视拖延程度及其影响,发出相应的赶工指令,要求承包人加快施工进度,必要时应调整其施工进度计划,直到监理人满意。一般来说,在进度拖延责任属于承包人的情况下,如果承包人在合同规定的时间内,施工进度仍未有明显改观,则可以认为承包人违约,由此引起的工期延误和费用损失由承包人承担。需要强调的是,当进度拖延时,监理人切记不能不区分责任，一味指责承包人施工进度太慢，要求加快进度。这样处理问题极易中伤承包人的积极性和合作精神，对工程进展是无益处的。事实上，若进度拖延是属于发包人责任或发包人风险造成的，即使监理人没有主动明确这一点，承包人仍有权通过索赔得到利益补偿。

1. 施工进度的监督、检查、记录

进度控制是一个动态过程，在施工过程中影响进度的因素很多。因此，监理人应对施工进度实施全过程的跟踪监督、检查。

1）施工进度监督、检查的日常监理工作

（1）现场监理人员每天应对承包人的施工活动安排、人员、材料、施工设备等进行监督、检查，促使承包人按照批准的施工方案、作业安排组织施工，检查实际完成进度情况，并填写施工进度现场记录。

（2）对比分析实际进度与计划进度的偏差，分析工作效率现状及其潜力，预测后期施工进展。特别是对关键线路，应重点做好进度的监督、检查、分析和预控。

（3）要求承包人做好现场施工记录，并按周、月提交相应的进度报告，特别是对于工期延误或可能的工期延误，应分析原因，提出解决对策。

（4）督促承包人按照合同规定的总工期目标和进度计划，合理安排施工强度，加强施工资源供应管理，做到按章作业、均衡施工、文明施工，尽量避免出现突击抢工、赶工局面。

（5）督促承包人建立施工进度管理体系，做好生产调度、施工进度安排与调整等各项工作，并加强质量、安全管理，切实做到"以质量促进度、以安全促进度"。

（6）通过对施工进度的跟踪检查，及早预见、发现并协调解决影响施工进度的干扰因素，尽量避免因承包人之间作业干扰，图纸供应延误、施工场地提供延误、设备供应延误等对施工进度的干扰与影响。

2）施工进度的例会监督检查

结合现场监理例会（如周例会、月例会），要求承包人对上次例会以来的施工进度计划完成情况进行汇报，对进度延误说明原因；依据承包人的汇报和监理人掌握的现场情况，对存在的问题进行分析，并要求承包人提出合理、可行的赶工措施方案，经监理人同意后落实到后续阶段的进度计划中。

2. 关键线路的控制

在进度计划实施过程中，控制关键线路的进度，是保证工程按期完成的关键。因此，监理人应从施工方案、作业程序、资源投入、外部条件、工作效率等全方位，督促承包人加强关键线路的进度控制。

（1）加强监督、检查、预控管理。对每一标段的关键线路作业，监理人应逐日、逐周、逐月检查施工准备、施工条件和工程进度计划的实施情况，及时发现问题，研究赶工措施，抓住有利赶工时机，及时纠正进度偏差。例如，在某工程隧洞施工中，施工支洞至出口段为本标段的关键线路，按照当时的进展情况，工期延误可能性较大。监理人根据现场情况和经验，认为先浇筑隧洞底板，改善洞内交通条件，有利于加快进度。承包人依据监理人的建议及时调整了作业计划，使工程按期完工。又如，在某工程隧洞衬砌施工中，经过监理人的测算，认为承包人投入的模板数量不足，采用的散模作业时间较长，不能满足工期要求。监理人及时提出建议，承包人采取了增加模板数量以增加工作面，使用混凝土外加剂缩短工艺间歇时间，散模改为整体钢模台车等措施，保证了工程按期完工。

（2）研究、建议采用新技术。当工程工期延误较严重时，采用新技术、新工艺，是加快施工进度的有效措施。对这一问题，监理人应抓住时机，深入开展调查研究，仔细分析问题的严重性与对策。对于承包人原因造成的延误，应督促承包人及时提出相应措施方案；对于发包人原因造成的进度延误，监理人应协助发包人研究，比较相应的措施方案，对由于采用新技术引起的承包人的成本增加，应尽快与发包人、承包人协商解决，避免这一问题长期悬而未决，影响承包人的工作积极性，造成工程进度的进一步延误。

3. 逐月、逐季施工进度计划的审批及其资源核查

根据合同规定，承包人应按照监理人要求的格式、详细程度、方式、时间，向监理人逐月、逐季递交施工进度计划，以得到监理人的同意。监理人审批月、季施工进度计划的目的，是看其是否满足合同工期和总进度计划的要求。如果承包人计划完成的工程量或工程面貌满足不了合同工期和总进度计划的要求（包括防洪度汛、向后续承包人移交工作面、河床截流、下闸蓄水、工程竣工、机组试运行等），则应要求承包人采取措施，如增加计划完成工程量、加大施工强度、加强管理、改变施工工艺、增加设备等。同时，监理人还应审批施工进度计划对施工质量和施工安全的保证程度。

一般来说，监理人在审批月、季进度计划中应注意以下几点：

（1）首先应了解承包人上个计划期完成的工程量和形象面貌情况。

（2）分析承包人所提供的施工进度计划（包括季、月）是否能满足合同工期和施工总进度计划的要求。

（3）为完成计划所采取的措施是否得当，施工设备、人力能否满足要求，施工管理上有无问题。

（4）核实承包人的材料供应计划与库存材料数量，分析是否满足施工进度计划的要求。

（5）施工进度计划中所需的施工场地、通道是否能够保证。

（6）施工图供应计划是否与进度计划协调。

（7）工程设备供应计划是否与进度计划协调。

（8）该承包人的施工进度计划与其他承包人的施工进度计划有无相互干扰。

（9）为完成施工进度计划所采取的方案对施工质量、施工安全和环保有无影响。

（10）计划内容、计划中采用的数据有无错漏之处。

4. 防范重大自然灾害对工期的影响

在水利工程施工中，经常遇到超标准洪水、异常暴雨和台风等恶劣自然灾害的影响。因此，监理人应根据当地的自然灾害情况，指示承包人提前做好防范预案，尽量做到早预测、早准备、有措施。一方面，应抓住有利时机加快施工进度；另一方面，为防范和规避自然灾害可能对工期的重大影响做好充分准备。

任务四　施工投资控制

一、建设工程项目资金控制概述

(一)建设工程项目资金控制的概念

工程建设项目的"工程价款"控制,站在建设单位的角度,称为工程建设投资控制;站在承包单位的角度,称为工程建设成本控制。

《建设工程监理规范》(GB/T 50319—2013)中对建设工程项目的投资控制,称为"工程造价控制";《水利工程施工监理规范》(SL 288—2014)中对建设工程项目的投资控制,称为"工程资金控制"。

目前我国建设工程监理主要是在施工阶段,为了便于阐述、体现为业主服务和人们的惯性思维,在本部分内容的一、二、三知识点中,将其称为工程项目投资控制,在本部分内容四、五的施工阶段知识点中,采用水利工程施工监理规范的规定,称其为工程项目资金控制。

建设工程项目投资(资金)控制,指在建设工程项目的投资决策阶段、设计阶段、施工阶段以及竣工阶段,把建设工程投资控制在批准的投资限额以内,随时纠正发生的偏差,以保证项目投资管理目标的实现,以求在建设工程中合理使用人力、物力、财力,取得较好的投资效益和社会效益。

建设工程投资由设备及工器具购置费、建设安装工程费及工程建设其他费用三部分组成。工程项目投资,在满足工程进度、工程质量和安全等要求的前提下,应越少越好。

(二)投资控制的动态原理

监理工程师在工程项目的施工阶段进行投资控制的基本原理是把计划投资额作为投资控制的目标值,在施工过程中,定期进行投资实际值与目标值的比较,通过比较发现并找出实际支出额和投资目标值之间的偏差,然后分析产生偏差的原因,采取有效措施加以控制,以确保投资控制目标的实现。这种控制贯穿于项目建设的全过程,是动态的控制过程。

(三)投资控制的目标设置

建设项目投资的有效控制是工程建设管理中的重要任务之一。控制必须有目标,确定目标要有科学依据和实现可能性,才能激发执行者努力去实现。为了更科学、更合理地设置投资控制目标,应随工程项目建设实践不断深入而设置不同阶段、不同深度的投资控制目标。具体来说,投资估算是建设工程设计方案选择和进行初步设计的投资控制目标;设计概算是进行技术设计和施工图设计的投资控制目标;施工图预算或建安工程承包合同价则是施工阶段投资控制目标。各阶段投资控制目标是有机联系、相互制约、相互补充的,前者控制后者,后者补充前者。它们共同组成既有先进性又有实现可能性的建设工程投资控制目标系统。

(四)工程投资控制措施

经验证明,有效地控制建设工程的投资,应从组织、技术、经济、合同和信息管理等方面采取措施。

(1)组织措施。主要包括建立投资控制管理机构,明确投资控制人员的任务、职责及管理职能分工。

(2)技术措施。重视设计多方案选择,严格审查监督初步设计、技术设计、施工图设计、施工组织设计,深入技术领域中研究节约投资的可能性。

(3)经济措施。编制资金使用计划,动态地比较投资的计划值与实际支出值,发现偏差,及时采取纠偏措施。严格执行投资费用支出,采取节约投资的各项措施等。

(4)合同管理和信息管理。做好工程施工记录,收集整理工程资料;严格控制合同变更,对各方提出的工程变更和设计变更要进行严格审查,加强索赔管理,公正地处理索赔等。

总之,要有效地控制工程项目投资,应从组织、技术、经济、合同与信息管理等方面采取措施,但技术与经济相结合是控制项目投资最有效的手段。要力求在技术先进条件下的经济合理,在经济合理基础上的技术先进,把主动控制工程项目投资观念渗透到工程各阶段中。

(五)工程投资控制的作用

(1)确保资金的合理使用,达到满意的投资效益。

对工程建设项目实行投资控制,可以在管理上改善投资环境,实现对投资的有效监督,以确保资金合理有效的使用,达到满意的投资效益。

(2)促进施工企业内部管理体制改革,提高劳动生产率。

实行投资控制可以有效地促进施工企业内部管理体制的变革,只有不断完善和提高管理水平、提高劳动生产率、加快进度、提高质量,才能降低成本,有利竞争。

(3)促进市场竞争和企业自身建设。

实行投资控制,可以促进市场竞争合理有序地进行,促使参与市场竞争的企业加强自身建设,以好的质量、合理的价格占有市场。

(4)兼顾国家、集体、个人利益,克服不正之风。

实行投资控制,辅以一定程度的奖罚制度,能充分调动参与工程建设的管理者、劳动者的积极性,使国家、集体、个人利益合理兼顾,在一定程度上还能克服不正之风的发生。

(5)促进我国工程建设技术人才知识结构的变化。

投资控制可造就一批既懂专业技术又懂经济和管理的高级人才,由他们组成智囊团(如咨询顾问公司),利用他们的专业知识和管理特长,帮助投资者进行项目的决策、计划、组织、控制和实施,往往能使投资者避免盲目投资,获得丰厚的利润。国外许多工程实践已经证明,这是一条成功有效的途径。这必将促进我国工程建设技术人才知识结构的重大变化,也必将造就一批高素质的专业人才。这是我国建设工程监理向更高层次发展的必然趋势。

二、建设工程项目投资构成

(一)我国现行建设工程项目投资构成

我国现行建设工程项目投资构成如图 2-6 所示。

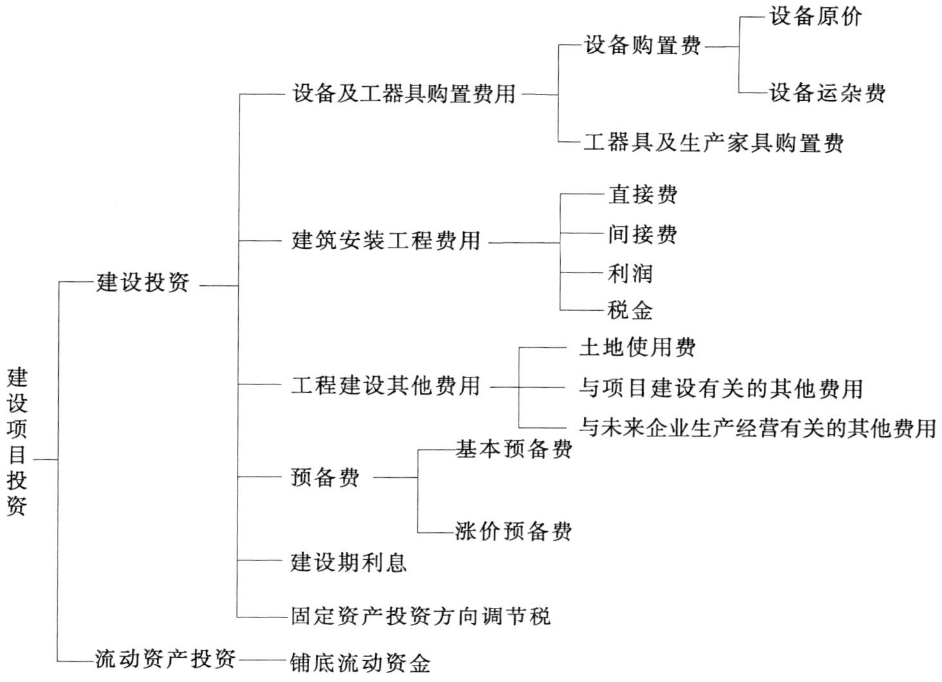

图 2-6　我国现行建设工程项目投资构成

（二）设备及工器具购置费用的构成

1. 设备购置费的构成和计算

设备购置费是指为建设工程购置或制造的达到固定资产标准的设备、工具和器具费用。所谓固定资产，是指使用年限在一年以上，单价在国家或主管部门规定的限额以上的设备、工具和器具。其一般计算公式为：

设备购置费 = 设备原价或进口设备抵岸价 + 设备运杂费

上式中的设备原价是指国产设备、非标准设备的原价。设备运杂费指设备中未包括的包装和包装材料费、运输费、装卸费、采购费，以及仓库保管费、供销部门手续费等。

2. 工器具及生产家具购置费的构成和计算

工器具及生产家具购置费是指新建项目或扩建项目初步设计规定所必须购置的不够固定资产标准的设备、仪器、工卡器具、器具、生产家具和备品备件费用。其一般计算公式为：

工器具及生产家具购置费 = 设备购置费 × 定额费率

（三）建筑安装工程费用的构成

1. 建筑安装直接工程费

建筑安装直接工程费由直接费、其他直接费和现场经费组成。

1）直接费

直接费是指施工过程中耗费的构成工程实体和有助于工程形成的各项费用，它包括人工费、材料费和施工机械使用费。

2)其他直接费

其他直接费是指直接费以外的施工过程中发生的其他费用,如冬、雨期施工增加费,材料二次搬运费,检验试验费等。同直接费相比其他直接费有较大的弹性,就具体单位工程来讲,可能发生,也可能不发生。

其他直接费=(土建工程的直接费或安装工程的人工费)× 其他直接费率

3)现场经费

现场经费是为施工准备、组织施工生产和管理所需的费用,包括临时设施费和现场管理费两方面的内容。

现场经费 =(土建工程的直接费或安装工程的人工费)× 现场经费费率

2. 建筑安装工程间接费

建筑安装工程间接费是指虽不直接由施工的工艺过程所引起,但却与工程的总体条件有关的建筑安装企业为组织施工和进行经营管理以及间接为建筑安装生产服务的各项费用。

1)间接费的组成内容

(1)企业管理费。企业管理费是指施工企业为组织施工生产经营活动所发生的管理费用。内容包括企业管理人员的工资和补贴、办公费、差旅交通费、工具用具使用费、职工教育经费、劳动和医疗保险费、保险费等。

(2)财务费用。财务费用是指企业筹集资金而发生的各项费用,包括企业经营期间发生的贷款利息净支出、金融机构手续费,以及企业筹集资金发生的其他财务费用。

(3)其他费用。其他费用是指按规定支付工程造价(定额)管理部门的定额编制管理费及劳动定额管理部门的定额测试费,以及按有关部门规定支付的上级管理费。

2)间接费的计算

间接费=(土建工程的直接工程费或安装工程的人工费)× 间接费率

3. 利润及税金

利润及税金是建筑安装企业职工为社会劳动所创造的那部分价值在建筑安装工程造价中的体现。

(1)利润。

利润是指按规定计入建筑安装造价中的利润。其计算为:

土建工程: 利润=(直接工程费+间接费)× 利润率

安装工程: 利润=人工费 × 利润率

(2)税金。

税金是指国家税法规定的应计入建筑安装工程造价的营业税、城乡维护建设税及教育费附加。其计算为:

营业税 = 营业额 × 3%

城乡维护建设税 = 应纳营业税额 × 适用税率

教育费附加 = 应纳营业税额 × 3%

(四)工程建设其他费用的构成

工程建设其他费用是指从工程筹建起到工程竣工验收交付使用止的整个建设期间,

除建筑安装工程费用和设备及工器具购置费以外,为保证工程建筑顺利完成和交付使用后能够正常发挥效用而发生的一切费用。其内容可分为以下三类:

(1)土地使用费。农用土地征用费或取得国有土地使用费。

(2)与项目建设有关的其他费用。包括:建设单位管理费、勘察设计费、研究试验费、临时设备费、工程监理费、工程保险费、供电贴费、施工机构迁移费,引进技术进口设备其他费用等。

(3)与未来企业生产经营有关的其他费用。包括:联合试运转费、生产准备费、办公和生活家具购置费等。

三、建设工程投资确定依据

(一)建设工程投资确定依据的概念

建设工程投资确定的依据是指进行建设工程投资确定所必需的基础数据和资料。一般而言,在建设工程开展施工之前,应预先对建设工程投资进行计算和确定。建设工程投资在不同阶段的具体表现形式为投资估算、设计概算、施工图预算、招标工程最高限价(标底)、投标报价、工程合同价等。建设工程投资表现形式多种多样,但确定的基本原理是相同的。采用何种建设工程投资的计算方法和表现形式主要取决于对建设工程了解程度,应与建设工程和建设工作的深度相适应。建设工程投资确定依据,主要包括工程定额、工程量清单、要素市场价格信息、工程技术文件、环境条件与工程建设实施组织和技术方案等。

(二)建设工程定额

1.定额的概念

定额,即规定的额度,是人们根据不同的需要,对某一事物规定的数量标准。在现代经济和社会生活中,定额无处不在,因为人们需要利用其对社会经济中复杂多样的事物进行计划、调节、组织、预测、控制、咨询等一系列管理活动。

建设工程定额,即定额的建设工程的消耗量标准,是指按照国家有关的产品标准、设计规范和施工验收规范、质量评定标准,并参考行业、地方标准以及有代表性的工程设计、施工资料确定的工程建设过程中完成规定计量单位产品所消耗的人工、材料、机械等消耗量的标准。

2.定额的产生

定额的产生与管理科学的产生和发展密切相关。社会化大生产的发展使劳动分工与协作越来越精细和复杂,因此产生了管理科学。管理科学的实质是提高劳动生产率和劳动效率,从而产生了工时定额。执行工时定额,提高了劳动效率,降低了生产成本,增大了企业盈利。执行定额不仅是一种强制制度,而且是一种激励机制。随着管理科学的发展,定额也不断地扩充、完善,使定额范围大大突破了工时控制的内容,逐渐形成了今天的建设工程定额等种类繁多的定额。

3.定额的分类

按照反映的物质消耗内容分类,可分为人工消耗定额、材料消耗定额和机械消耗定额。

按照建设程序分类，可分为基础定额或预算定额、概算定额（指标）和估算指标（作为编制项目建议书，可行性研究报告投资估算的依据）。

按照建设工程特点分类，可分为建筑工程定额、安装工程定额、铁路工程定额、公路工程定额、水利工程定额等。

按照定额的适用范围分类，可分为国家定额、行业定额、地区定额和企业定额。

按照构成工程成本和费用分类，可将定额分为构成直接成本的定额、构成间接费的定额，以及构成工程建设其他费用的定额。

（三）工程量清单

1. 工程量清单的概念

工程量清单是建设工程招标文件的重要组成部分，是指建设工程招标人发出的，对招标工程的全部项目，按统一的工程量计算规划、项目划分和计量单位计算出的工程数量列出的表格。工程量清单可由招标人自行编制，也可以由其他委托的有资质的招标代理机构或工程造价咨询单位编制。如果投标人中标并签订合同，工程量清单即可成为合同的组成部分。

2. 工程清单的作用

（1）为投标人提供一个公开、公平、公正的竞争环境。

（2）是计价和询标、评价的基础。

（3）为施工过程中支付工程进度款提供依据。

（4）为办理工程结算、竣工结算及工程索赔提供重要依据。

（5）设有标底价格的招标工程，招标人利用工程量清单编制标底价格，供评标时参考。

3. 工程量清单的内容

工程量清单的一个最基本的功能是作为信息的载体，以使投标人能对工程有全面充分的了解。从这个意义上讲，工程量清单的内容应全面准确。工程量清单包括两部分：

（1）工程量清单说明。主要是说明工程量清单编制的依据，并说明清单中工程量是招标人结算得出的，仅仅作为投标报价的基础，结算时应以招标人或由其授权的监理工程师核准的实际完成量为依据。另外，提示投标申请人重视清单，以及如何使用清单。

（2）工程量清单表。合理的清单项目设置和准确的工程数量是清单的前提和基础。在清单中列出了分部、单元（分项）工程的项目名称、计量单位和工程量。清单项目应在设计图纸的基础上，按照国家发布的统一的建筑、安装、市政工程的分部分项工程计量计算规则进行设置。

4. 工程量清单的编制原则

（1）遵守国家有关的法律、法规和相关政策。

（2）必须按照国家统一的项目划分、计量单位和工程量计量规则设置清单项目，计算工程量遵照“三统一”的规定。

（3）遵守招标文件的相关要求。

（4）清单的编制依据应齐全。

（5）编制力求准确合理，即工程量的计算应力求准确，清单项目的设置力求合理、不漏不重。

(四)建设工程投资的其他确定依据

1. 工程技术文件

工程技术文件包括项目建议书、可行性研究报告、初步设计文件、施工图设计文件、招标文件等反映建设工程项目的规模、内容、标准、功能等的文件。

2. 要素市场价格信息

包括人工、材料、施工机械等要素,是影响建设工程投资的关键因素,要素的价格是由市场形成的。

3. 建设工程环境条件

建设工程所处的环境和条件的差异或变化,包括工程地质条件、气象条件、现场环境与周边条件,也包括工程建设的实施方案、组织方案、技术方案等,都会导致建设工程投资大小的变化。

4. 其他

国家对建设工程费用计算的有关规定,按国家税法规定需计取的相关税费等,都构成了建设工程投资确定的依据。

四、建设工程施工阶段资金控制

(一)施工阶段资金控制目标

监理工程师在施工阶段进行资金控制的基本原理,是把计划资金额作为资金控制的目标值,在工程施工过程中定期地进行资金实际值与目标值的比较,通过比较发现并找出实际支出额与资金控制目标值之间的偏差,分析产生偏差的原因,并采取有效的措施加以控制,以保证资金控制目标的实现。

(二)施工阶段资金控制的措施

建设工程的资金投入主要发生在施工阶段,因此精心地组织施工、挖掘各方面潜力、节约资源消耗,可以收到资金投入的效果。对施工阶段的资金控制,仅靠控制工程款的支付是不够的,应从组织、技术、经济、合同等方面采取措施,控制资金投入。

1. 组织措施

(1)在项目管理机构中落实资金控制人员,从资金控制角度进行施工跟踪。

(2)编制施工阶段资金控制工作计划和详细实施步骤。

2. 技术措施

(1)对设计变更进行技术经济比较,严格控制设计变更。

(2)继续寻找通过设计优化节约资金投入的可能性。

(3)审核承包单位编制的项目管理实施规划,对主要的施工方案进行技术经济分析。

3. 经济措施

(1)编制资金使用计划,确定、分解资金控制目标,对工程项目资金目标进行风险分析,并制定防范性对象。

(2)进行工程计量。

(3)复核工程付款账单,签发付款证书。

(4)在施工过程中进行资金跟踪控制,定期地进行资金实际支出值与计算目标值的比较;发生偏差,分析产生偏差的原因,采取纠偏措施。

(5)协商确定工程变更的价款,审核竣工结算。

(6)对工程施工过程中的资金支出做好分析与预测,经常或定期地向建设单位提交项目资金控制及存在问题的报告。

4. 合同措施

(1)做好工程施工记录,保存各种文件图纸,特别是注有实际施工变更情况的图纸;注意积累素材,为正确处理可能发生的索赔提供依据;参与处理索赔事件。

(2)参与合同修改、补充工作,着重考虑对资金控制的影响。

(三)工程计量

1. 工程计量的重要性

(1)工程计量是控制项目资金支出的关键环节。

工程计量是指根据设计文件及施工合同中关于工程计量计算规定,项目监理机构对承包单位申报的已完工程的工程量进行核验。合同条件中明确规定工程量表中开列的工程量是该工程的估算工程量,不能作为承包单位完成的实际和确切的工程量。经过项目监理机构计量所确定的数量是向承包单位支付工程款项的凭证。

(2)工程计量是约束承包单位履行合同义务的手段。

工程计量不仅是控制项目资金支出的关键环节,而且是约束承包单位履行合同义务、强化承包单位合同意识的手段。建设单位对承包单位的付款,是以监理工程师批准的付款凭证书为凭证的,监理工程师对计量支付有充分的批准权和否决权。对不合格的工作和工程,监理工程师可以拒绝计量。同时,通过计量,监理工程师还可以及时掌握承包单位工程的进度和工作情况。当发现工程进度严重偏离计划目标时,可要求承包单位及时分析原因,采取措施纠正。

2. 工程计量的程序

1)施工合同(示范文本)约定的程序

承包单位应按专用条款约定的时间,向项目监理机构提交已完成工程量的报告;项目监理人员接到报告后 7 天内按设计图纸审核已完工程量,并在计量前 24 小时通知承包单位;承包单位为计量提供便利条件并派人参加;承包单位收到通知后不参加计量,计量结果有效,作为工程价款支付的依据;项目监理机构收到承包单位报告后 7 天内未进行计量,从第 8 天起,承包单位报告中开列的工程量即视为已被确认,作为工程价款支付的依据;项目监理机构不按约定时间通知承包单位,使承包单位不能参加计量,计量结果无效;承包单位超出设计图纸范围和因承包单位原因造成返工的工程量,项目监理机构不予计量。

2)《水利工程施工监理规范》(SL 288—2014)规定的程序

工程项目开工前,监理机构应监督承包人按有关规定或施工合同约定完成原始地形的测绘,并审核测绘成果;在接到承包人提交的工程计量报验单和有关计量资料后,监理机构应在合同约定时间内进行复核,确定结算工程量,据此计算工程价款;当工程计量数据有异议时,监理机构可要求与承包人共同复核或抽样复测;承包人未按监理机构要求参加复核，监理机构复核或修正的工程量视为结算工程量；监理机构认为有必要时，可通知发包人和承包人共同联合计量。

3. 工程计量的依据

1）质量合格证书

对于承包单位已完的工程，只有质量达到合同标准的工程予以计量，所以工程计量必须与质量监理密切配合，经过专业监理工程师检验工程质量达到合同规定的标准后，签署报验申请表（质量合格证书），即只有质量合格的工程才予以计量，可以说质量监理是计量监理的基础。

2）工程量清单前言和技术规范

工程量清单前言和技术规范的“计量支付”条款规定了清单中每一项工程的计量方法，同时规定了按规定的计量方法确定的单价所包括的工作内容和范围。

3）设计图纸

单价合同以实际完成的工程量进行结算，计量范围应以图纸为依据，监理工程师对承包单位超过设计图纸要求增加的工程量和自身原因造成返工的工程量，不予计量。

（四）工程变更价款的确定

1. 工程价款变更的原因

在工程项目施工过程中，由于工程变更所引起的工程量的变化、承包单位的索赔等，都有可能使项目资金投入超出原来的预算，监理工程师必须严格予以控制，密切注意其对未完工程资金支出的影响及对工期的影响。

2. 项目监理机构对工程变更的管理

工程变更可分为设计变更与工程洽商两类，应分别予以处理。

1）设计变更

设计变更是指在设计交底后的施工过程中，建设单位、设计单位或承包单位对工程的材料、工艺、功能、构造、尺寸、技术标准及施工方法等提出的修改与变更。设计变更需要设计单位审查同意。

2）工程洽商

工程洽商是对施工中工程做法的改变、工程量的增减、临时用工等问题，由建设单位与承包单位之间达成的协议，一般不涉及设计单位，或涉及设计单位但尚不构成设计变更。

3. 工程变更价款的确定方法

1）《建设工程施工合同（示范文本）》规定的工程变更价款确定方法

合同中已有适用于变更工程的价格，按合同已有价格变更合同价款；合同中有类似于变更工程的价格，可以参照类似价格变更合同价款；合同中没有适用或类似变更工程的价格，由承包单位提出适当的变更价格，经项目监理机构确认后执行。

2）采用合同中工程量清单的单价和价格

合同中工程量清单的单价和价格由承包单位投标时提供，用于变更工程，容易被建设、承包、监理单位所接受，从合同意义上讲也是比较公平的。

3)协商单价和价格

协商单价和价格是基于合同中没有或者有但不合适的情况下采取的一种方法。

(五)索赔控制

1. 索赔产生的原因

索赔是工程承包中经常发生并随处可见的正常现象。由于施工现场条件、气候条件的变化,施工进度的变化,以及合同条款、规范、标准文件和施工图纸的变更、差异、延误等因素的影响,使得工程承包中不可避免地出现索赔,进而导致项目资金投入发生变化。因此,索赔的控制将是建设工程施工阶段资金控制的重要手段。

2. 项目监理机构对费用索赔的处理

监理工程师应按照预控原则,尽量控制不发生或少发生索赔事件,减轻建设单位的损失。如采取预测和防范措施,防止干扰合同管理情况的发生,已发生时应采取措施减少影响与损失。

3. 索赔费用的计算

索赔费用的主要组成部分与工程款的计价内容相似。按规定,现行建筑安装工程合同价包括直接工程费、间接费、计划利润、税金。从原则上说,承包单位有权索赔的工程成本增加,都是可以索赔的费用。这些费用都是承包单位为了完成额外的施工任务而增加的开支。但是不同原因引起的索赔,承包单位可以索赔的具体费用内容不是完全一样的。哪些内容可以索赔,要按照各项费用的特点、条件进行分析论证。

(六)工程结算

1. 工程价款的主要结算方式

按规定,现行工程价款结算可以根据不同情况采取多种方式。

(1)按月结算。即先付工程备料款,在施工过程中按月结算工程进度款,竣工后进行竣工结算。我国实际建筑安装工程价款结算中,相当一部分是实行这种按月结算方式。

(2)竣工后一次结算。建设项目或单项工程全部建筑安装工程建设期在12个月内,或者工程承包合同价值在100万元以下的,可以实行工程款按月预支,竣工后一次结算。

(3)分段结算。即当年开工,当年不能竣工的单项工程或单位工程按照工程形象进度,划分不同阶段进行结算,分段结算可以按月预支工程款。

实行竣工后一次结算和分段结算的工程,当年结算的工程款应与分年度的工作量是一致,年终不另清算。

(4)双方约定的其他结算方式。

2. 工程预付款

(1)工程预付款是建设工程施工合同订立后由发包人按照合同约定,在正式开工前预先支付给承包人的工程款。它是施工准备和所需材料、构配件等流动资金的主要来源,国内习惯上又称为预付备料款。预付工程款的具体事宜由发承包双方根据建设行政主管部门的规定,结合工程款、建设工期和包工包料情况在合同中约定。

(2)工程预付款的扣回。发包人付给承包人的工程预付款,其性质是预支。随着工程进度的推进,拨付的工程进度款数额不断增加,工程所需主要材料、构配件的用量逐渐减少,原已支付的预付款应以抵扣的方式予以陆续扣回。扣款的方式可由双方通过合同的方式协商后予以确定。

3. 工程进度款

1)工程进度款的计算

《建设工程施工合同(示范文本)》关于工程款的支付做出了相应的约定:“在确认计量结果后14天内,发包人应向承包人支付工程款(进度款)”。发包人超过约定的支付时间不支付工程款(进度款),承包人可向发包人发出要求付款的通知,发包人接到通知后仍不付款的,应承担违约责任。

工程进度款的计算,主要涉及两个方面:一是工程计量的计算;二是单价的计算方法。单价的计算方法,主要根据由发包人和承包人事先约定的工程价格的计价方法决定。

2)工程进度款的支付

工程进度款的支付,一般按当月实际完成工程量进行结算,工程竣工后办理竣工结算。在工程竣工前,承包人收取的工程预付款和进度款的总额一般不超过合同总额(包括工程合同签订后经发包人签证认可的增减工程款)的95%,其余5%尾款,在工程竣工结算时扣除保修金外一并清算。

4. 竣工结算

工程竣工验收报告经发包人认可后28天内,承包人向发包人递交竣工结算报告及完整的结算资料,双方按照协议书约定的合同价款及专用条款约定的合同价款调整内容,进行工程竣工结算。专业监理工程师审核承包人报送的竣工结算报表,总监理工程师审定竣工结算报表,与发包人、承包人协商一致后,签发竣工结算文件和最终的工程款支付证书。

5. 保修金的返还

工程保修金一般为施工合同价款的3%。在专用条款中规定,发包人在质量保修期到期后14天内,将剩余保修金和利息返还给承包人。

五、施工阶段项目监理机构资金控制

(一)工程资金控制的依据

(1)工程项目的施工图及其说明文件。

(2)工程设计变更和工程洽商文件。

(3)工程项目的施工合同及其变动协议文件。

(4)国家及当地政府发布的、现行的有关工程造价的法规及规定。

(5)当地政府发布的现行的工程概(预)算定额、取费标准、工期定额等。

(6)本工程项目的“分部、单元(分项)工程报验申请表”。

(7)本工程项目发生的索赔文件。

(8)市场价格信息。

(9)其他涉及工程造价的资料。

(二)工程资金控制的原则

(1)严格执行施工合同中确定的合同价、单价和约定的工程款支付方式。

(2)在报验资料不全,与合同约定不符,未经质量检验签认合格,或超出设计图纸范围,或有违约行为时,监理工程师不予审核及计量。

(3)工程量与工作量的计算应按施工合同的约定,并符合有关的计量规则。

(4)处理由于设计变更、工程洽商、合同变更及违约索赔等引起的工程资金增减时,监理工程师应坚持公正、公平、合理的原则。

(5)有争议的工程量计量和工程款,应采取协商的方式解决,协商不成时,应按施工合同关于双方争议的处理办法解决。

(6)对工程量的审核、工程款的审核与支付,监理人员及建设单位均应在施工合同规定的时限进行。

(三)事前控制

(1)审查并熟悉招标文件及施工合同中关于工程资金控制的条款。

(2)承包单位编制施工总概算,在施工过程中进行动态控制。

(3)承包单位编制年、季、月度资金使用计划,由项目监理机构控制并执行。此项资金使用计划应与工程进度计划、材料设备购置订货计划、索赔及不可预见事件预测资金等一致。

(4)从设计图纸、设计要求、招标投标文件、施工合同、材料设备订货合同中找出容易被突破的环节,做出风险分析及减轻风险的措施,并以此作为工程资金控制重点。

(5)尽可能减少承包单位的索赔,具体措施有:按施工合同规定的日期提供施工现场及其他条件;按施工合同规定日期提供施工图纸;按施工合同规定日期、款额支付工程款;按施工合同规定日期提供合同中由建设单位提供的材料、设备;预先处理好扰民问题,避免因此造成的干扰向承包单位支付赔偿金;尽可能减少工程变更,必须变更时,应于变更实施前与建设单位、承包单位尽早达成工程变更后工程价款调整的协议。

(四)事中控制

1. 控制措施

(1)加强对工程造价的动态控制。按月按时支付工程进度款,与完成的工程量对应;建立台账,进行已付工程款与完成量比较,如发现工程款有超支,及时纠正;严格控制设计变更、工程索赔,特别是因此增加工程造价的。

(2)尽量减少发生索赔事件,不发生违约事件。监理工程师应及时收集、整理有关资料,为公正地处理索赔提供证据。

(3)提出降低工程造价的合理化建议。如采用新材料、新技术、新工艺,在保证工程质量和使用功能的前提下,降低工程造价或缩短工期。

(4)严格对工程款支付申请的签认,监理工程师认真审核后,由总监理工程师签认。

(5)及时掌握市场信息,了解材料、构配件及设备的价格变动情况,以及政府有关部门规定的价格调价范围与幅度。

(6)严格审核施工、材料设备订货等合同中涉及资金控制的条款,做好合同管理。

2. 工程量计量

(1)工程量计量工作原则上每月一次,计量周期为上月 26 日至本月 25 日。

(2)承包单位于每月26日前,根据工程实际进度和经过监理工程师签认的“分部、单元(分项)工程报验申请表”,将当月完成的工程量报监理机构审核。

(3)监理工程师应对承包单位申报的工程量进行现场核查,核查时应提前通知承包单位派代表共同参加现场计量核查工作,并共同在核查结果上签字。如果承包单位不按时派代表参加,即可认为同意监理工程师的核查结果。总监理工程师对核查结果审核后予以签认。

(4)某些特定的分项工程、单元(分部)工程的计量方法,可由项目监理机构、建设单位与承包单位共同协商确定。

(5)专业监理工程师应及时建立月完成工程量统计台账,对实际完成量与计划完成量进行对比、分析,制定调整措施。

3. 工程款支付

(1)工程预付款。应按施工合同有关条款规定日期、款额支付,一般为工程合同造价的10% ~15%;应于工程进展到一定时期后开始扣还,一般是已付的工程进度款的总额达到工程合同造价60%的月份开始扣还,并于合同规定的竣工日期前三个月扣清。

(2)月支付工程款(进度款)。合同内项目的月工程进度款,由承包单位根据监理工程师签认的工程量核算后申请支付;合同外项目付款,经协商后也可在支付月工程进度款时同时支付,如近一时期的由于设计变更、工程洽商、材料调价、计时工,以及承包单位提出后经过核准的费用索赔等应向承包单位支付的工程款。

(3)竣工结算款。工程竣工验收合格,监理单位、建设单位、承包单位已分别在竣工移交文件上签字后,承包单位可与建设单位进行竣工结算。承包单位提出的竣工结算文件经过监理工程师审核后由总监理工程师签认。

(4)保修保留金(保证金)。为保证承包单位于工程质量保修期仍能履行合同,在施工合同中可规定于每月支付工程款时,或最后几个月支付工程款时扣留一部分款作为保修保留金。一般保修保留金的总额不超过工程合同造价的3% ~5%。

(5)工程预付款、月支付工程款、合同外项目付款及竣工结算款的支付,承包单位应按施工合同有关条款的规定及双方协商达成的协议,并按工程的实际进度提出申请。申请时应填报“工程款支付申请表”,并附必要的附件,报送项目监理机构审核,经审核批准后,总监理工程师签发“工程款支付证书”,由建设单位支付。

(6)保修保留金的退还。工程质量保修期满,承包单位完成保修任务,经监理单位、建设单位验收合格并签发“保修完成证书”后,建设单位将保修保留金退还给承包单位。

(7)专业监理工程师应及时建立工程款支付的统计台账,每月(年、季)对实际完成的工作量与计划完成量进行比较、分析,制定调整措施,并在监理月报中向建设单位报告。

(五)事后控制

(1)审核承包单位提交的工程竣工结算文件,并与建设单位、承包单位进行协商和协调,取得一致意见后,总监理工程师签发“工程款支付证书”,由建设单位支付。

(2)处理好建设单位与承包单位之间的索赔事件,以及其他双方之间尚未解决的经济问题。

任务五　施工安全生产控制

一、概述

《建设工程安全生产管理条例》中明确规定：建设单位、勘察单位、设计单位、施工单位和工程监理单位及与建设工程安全生产有关的其他单位，必须遵守安全生产法律法规的规定，保证建设工程安全生产，依法承担建设工程安全生产的安全责任。对于监理单位和监理工程师，不仅要对建设项目的质量、进度和投资进行控制，还要增加对安全生产的控制。《建设工程安全生产管理条例》规定："工程监理单位和监理工程师应当按照法律、法规和工程建设强制性标准实施监理，并对建设工程安全生产承担监理责任。"各级建设行政主管部门据此颁布了一系列文件规定，以明确监理单位安全监理的工作职责和工作范围。

建设工程安全生产控制的主要任务是贯彻落实国家有关安全生产的方针、政策，督促施工单位按照建筑施工安全生产的法规和标准组织施工，落实各项安全生产的技术措施，消除施工中的冒险性、盲目性和随意性，消除隐患、杜绝各类伤亡事故的发生，实现安全生产。

二、建设主体的安全生产控制责任

在建设工程实施过程中，建设单位、勘察设计单位、施工单位、监理单位都有自己的安全生产责任，本节重点介绍监理单位的安全生产控制责任。

（一）建筑法律法规对监理单位安全生产责任的规定

监理单位有下述违反《建设工程安全生产管理条例》中有关建设工程安全生产监理规定行为之一的，应承担《建设工程安全生产管理条例》第五十七条规定的法律责任，即责令限期改正；预期未改正的，责令停业整顿，并处 10 万元以上 30 万元以下的罚款；情节严重的，降低资质等级，直至吊销资质证书；造成重大安全事故，构成犯罪的，对直接责任人员追究刑事责任；造成损失的，依法承担赔偿责任。

（1）监理单位应对施工组织设计中的安全技术措施或专项施工方案、计算书进行审查，并在规定的时间内提出审查意见。未进行审查，安全技术措施或专项施工方案未经监理单位审查签字认可，施工单位擅自施工的，监理单位未及时下达工程暂停令并书面报告建设单位。

（2）监理单位发现存在安全事故隐患的，没有及时下达书面指令要求施工单位进行整改或停止施工。

（3）施工单位拒绝按照监理单位的要求进行整改或者停止施工的，监理单位没有及时将情况向当地建设主管部门或工程项目的行业主管部门报告。

（4）监理单位未依照法律法规和工程建设强制性标准实施监理的。

（二）建筑法律法规对其他单位和人员的安全生产责任规定

监理单位履行了《质量管理条例》中有关建设工程安全监理规定的职责，施工单位未执行监理指令继续施工或发生安全事故的，应依法追究监理单位以外的其他相关单位和人员的法律责任。

（三）落实监理单位安全生产监理责任的具体工作

（1）健全监理单位安全监理责任制。监理单位法定代表人应对本企业监理工程项目的安全监理全面负责；总监理工程师要对工程项目的安全监理负责，并根据工程项目特点，明确监理人员的安全监理职责。

（2）完善监理单位安全生产管理制度。在健全审查核验制度、检查验收制度和督促整改制度的基础上，完善工地例会制度及资料归档制度。

（3）建立监理人员安全生产教育培训制度。总监理工程师和安全监理人员需经安全生产教育培训后方可上岗，其教育培训情况记入个人继续教育档案。

（四）项目监理机构的人员岗位安全职责

1. 总监理工程师安全职责

总监理工程师安全职责如下：

（1）审查分包单位的安全生产许可证，并提出审查意见。

（2）审查施工组织设计中的安全技术措施。

（3）审查专项施工方案。

（4）参与工程安全事故的调查。

（5）组织编写并签发安全监理工作阶段报告、专题报告和项目安全监理工作总结。

（6）组织监理人员定期对工程项目进行安全检查。

（7）核查承包单位的施工机械、安全设施的验收手续。

（8）发现存在安全事故隐患的，应当要求施工单位限期整改。

（9）发现存在情况严重的安全事故隐患的，应当要求施工单位暂停施工并及时报告建设单位。

（10）施工单位拒不整改或拒不停工的，应及时向政府有关部门报告。

2. 专业监理工程师安全职责

专业监理工程师安全职责如下：

（1）审查施工组织设计中专业安全技术措施，并向总监理工程师提出报告。

（2）审查本专业专项施工方案，并向总监理工程师提出报告。

（3）核查本专业的施工机械、安全设施的验收手续，并向总监理工程师提出报告。

（4）检查现场安全物资（材料、设备、施工机械、安全防护用具等）的质量证明文件及其情况。

（5）检查并督促承办单位建立健全并落实施工现场的安全管理体系和安全生产管理制度。

（6）监督承包单位按法律法规、工程建设强制性标准和审查的施工组织设计、专项施工方案组织施工。

（7）发现存在安全事故隐患的，应当要求施工单位整改，情况严重的安全隐患，应当要求施工单位暂停施工，并向总监理工程师报告。

（8）督促施工单位做好逐级安全技术交底工作。

3. 监理员安全职责

监理员安全职责如下：

(1)检查承包单位施工机械、安全设施的使用、运行状况并做好检查记录。

(2)按设计图纸和有关法律法规、工程建设强制性标准对承包单位的施工生产进行检查和记录。

(3)担任旁站工作。

三、监理单位安全监理工程程序

监理单位的建设工程安全监理工作应按照如下程序进行。

(1)监理单位按照《建设工程监理规范》(GB/T 50319—2013)和相关行业监理规范要求，编制含有安全监理内容的监理规划和监理实施细则。

(2)在施工准备阶段，审查施工承包单位编制的施工组织设计的安全技术措施、专项施工方案，如落地式脚手架施工方案、吊篮脚手架施工方案(含设计计算书)、模板工程施工方案(支撑系统设计计算书和混凝土输送安全措施)、施工用电施工组织设计、塔吊安装与拆卸方案；核查高危作业安全施工作业方案及应急救援预案；审查电工、焊工、架子工、起重机械工、塔吊司机及指挥人员等特种作业人员资格；审查专业分包和劳务分包单位的建筑企业资质和安全生产许可证；督促施工承包单位建立健全施工现场安全管理体系；督促施工承包单位做好逐级安全技术交底工作。

(3)在施工阶段，监理单位应对施工现场安全生产情况进行巡视检查，对发现的各类安全事故隐患，应书面通知施工单位，并督促其立即整改；情况严重的，监理单位应及时下达工程暂停令，要求施工单位停工整改，并同时报告建设单位。安全事故隐患消除后，监理单位应检查整改结果，签署复查或复工意见。施工单位拒不整改或不停工整改的，监理单位应当及时向工程所在地建设主管部门或工程项目的行业主管部门报告。

四、监理工程师在安全生产控制中的主要工作

(一)高空作业情况的检查

为防止高空坠落事故的发生，监理工程师应重点巡视现场，检查施工组织设计中的安全措施是否落实。

(1)架设是否牢固。

(2)高空作业人员是否系安全带。

(3)是否采用防滑、防冻、防寒、防雷等措施，遇到恶劣天气不得高空作业。

(4)有无尚未安装栏杆的平台、雨篷、挑檐。

(5)孔、洞、口、坎、井等部位是否设置防护栏杆，洞口下是否设置安全防护网。

(6)作业人员从安全通道上下楼，不得从架子攀登，不得随货运机和提升机上下。

(二)安全用电的检查

(1)是否实行“一机一闸一漏一箱”制，是否满足分级分段漏电保护。

(2)电源的进线、总配电箱的装设位置和线路走向是否合理。

(3)室内及室外电线、电缆架设高度是否满足规范要求。

(4)检查、维护是否带电作业,是否挂标志牌。

(5)配电箱和电器设备之间的距离是否符合规范要求。

(6)相关环境下用电电压是否合格。

(7)电缆埋地是否合格。

(8)闸箱三相五线制的连接是否正确。

(三)脚手架和模板情况

(1)脚手架设计方案(图)是否齐全、完整、可行。

(2)脚手架设计计算书是否齐全、完整,脚手架设计方案(图)是否齐全、完整可行。

(3)脚手架施工方案、使用安全措施、拆除方案是否齐全、完整,脚手架设计计算书是否齐全、完整。

(4)脚手架用材料质量是否合格,节点连接是否牢固,脚手架与建筑物连接是否牢固、可靠。

(5)脚手架安装、拆除施工人员是否持证上岗,队伍是否具有相应资质。

(6)模板结构设计计算书的荷载取值是否符合工程实际,计算方法是否正确。

(7)模板设计中安全措施是否周全,模板施工方案是否经过审批。

(四)交叉作业

(1)交叉作业时的安全防护措施是否完整、齐全。

(2)安全防护棚的设置是否满足安全要求。

(3)安全防护棚的搭设方案是否完整、齐全。

(五)施工机械使用情况

由于施工过程中违规操作、机械故障等,会造成人员的伤亡。因此,监理工程师应当对机械的安全使用情况进行检查验收。对不合格的机械设备,应责令施工单位清理出场;对没有资质的操作人员,应停止其操作行为。验收检查主要有以下方面:

(1)塔式起重机的基础方案中对地基与基础的要求。

(2)机械上的各种安全防护装置和警示牌是否齐全。

(3)塔式起重机使用中的检查、维修管理。

(4)操作人员的从业资格及安全防护情况。

(5)机械使用中的班前检查制度。

(6)起重机的安全使用制度。

(7)塔式起重机安装、拆卸方案是否合理。

(六)安全防护情况

监理工程师对安全防护情况的检查主要有以下几点:

(1)安全管理费用是否到位,是否设置专职安全人员。

(2)施工现场周围环境的防护措施是否健全,如高压线、地下电缆、运输道路等。

(3)不同工种的安全防护装置是否到位,如安全帽、安全带、防护网、防护罩、绝缘鞋等。

竣工后,监理单位应将有关安全生产的技术文件、验收记录、监理规划、监理实施细则、监理月报、监理会议纪要及相关书面通知等按规定立卷归档。

思考题

1. 监理主要工作制度有哪些?

2. 检查开工前承包人的施工准备情况是否满足开工要求应包括哪些内容?

3. 建设工程质量的定义是什么?

4. 质量控制的主要因素有哪些?

5. 施工准备的质量控制方法有哪些?

6. 施工阶段质量控制手段有哪些?

7. 常用的质量控制分析工具有哪几种?

8. 水利工程验收的基本要求是什么?

9. 水利工程质量事故按照直接经济损失划分有哪些事故类别? 处理工程质量事故的原则是什么?

10. 工程质量事故有哪些特点?

11. 工程质量保修期监理的主要工作内容有哪些?

12. 工程投资控制措施主要有哪些?

13. 建筑安装工程费用的构成有哪些?

14. 工程变更的原因和处理原则是什么?

15. 工程计量的程序及依据是什么?

16. 进度控制的概念是什么?

17. 影响工程进度控制的主要因素有哪些?

18. 进度控制的基本措施和方法有哪些?

19. 施工进度检查的主要方式有哪些?

20. 简述建设工程三大目标控制的辩证关系。

项目三　建设工程合同管理

任务一　建设工程监理合同的管理

一、建设工程合同管理概述

(一)合同与项目合同管理

(1)合同是平等主体的自然人、法人、其他组织之间设立变更、终止民事权利义务关系的协议。各国的合同法规范的都是债权合同,它是市场经济条件下规范财产流转关系的基本依据。因此,合同是市场经济中广泛进行的法律行为。

(2)建筑市场中的各方主体,包括建设单位、勘察设计单位、施工承包单位、咨询监理单位、材料设备供应单位等,他们相互之间都没有隶属关系,相互之间主要依靠合同来规范和约束。

(3)建设工程合同是指承包人进行工程建设,发包人支付价款的合同。建设工程合同包括工程勘察、设计、施工、监理合同等。

(4)对于建设工程项目,标的大、履行时间长、协调关系多,合同尤为重要。因此,《中华人民共和国合同法》(简称《合同法》)第二百七十条明确规定,建设工程合同应当采用书面形式。

(5)合同是工程监理工作中最重要的法律文件。订立合同是为了证明一方向另一方提供货物或劳务,它是订立双方责、权、利的证明文件。

(6)项目合同管理是确保订立合同双方(如建设单位与承包单位或供货单位)提供合格的货物或劳务的过程。项目合同管理的关键是管理好双方的履约行为。

(二)建设工程合同管理相关的法律体系

建设工程项目的管理应严格按照法律和合同进行。目前我国关于规范建设工程合同管理的法律体系已基本完善。主要涉及建设工程合同管理的法律如下:

1.《中华人民共和国民法通则》

《中华人民共和国民法通则》(简称《民法通则》)是调整平等主体的公民之间、法人之间、公民与法人之间的财产关系和人身关系的基本法律。合同关系也是一种财产(债)关系,因此《民法通则》对规范合同关系做了原则性的规定。

2.《合同法》

它是规范我国市场经济财产流转关系的基本法,建设工程合同的订立和履行也要遵守其基本规定。在建设工程合同的履行过程中,会涉及大量的其他合同,如买卖合同等,也要遵守《合同法》的规定。

3.《中华人民共和国招标投标法》

《中华人民共和国招标投标法》(简称《招标投标法》)是规范建筑市场竞争的主要法律。招标投标是通过竞争择优确定承包人的主要方式,能够有效实现建筑市场公开、公平、公正的竞争。有些建设项目必须通过招标投标确定承包人。

4.《中华人民共和国建筑法》

《中华人民共和国建筑法》(简称《建筑法》)是规范建筑活动的基本法律,建设工程合同的订立和履行也是一种建筑活动,合同的内容必须遵守《建筑法》的规定。

5.其他法律

其他建设工程合同的订立和履行中涉及的法律,主要有《中华人民共和国担保法》《中华人民共和国保险法》《中华人民共和国劳动法》《中华人民共和国仲裁法》《中华人民共和国民事诉讼法》等。

6.合同文本

为了对建设工程合同在订立和履行中有可能涉及的各种问题给出较为公正的解决方法,能够有效减少合同的争议,建设部和国家工商行政管理局联合颁布了《建设工程施工合同(示范文本)》《建设工程委托监理合同(示范文本)》等多种涉及建设工程合同的示范文本,这对完善建设工程合同管理制度起到了极大的推动作用。合同的示范文本不属于法律法规,是推荐使用的文件。

(三)建设工程合同的特征

1.合同主体的严格性

建设工程的主体一般只能是法人,发包人、承包人必须具备一定的资格,才能成为建设工程合同的合法当事人;否则,建设工程合同可能因主体不合格而导致无效。发包人对需要建设的工程,应经过计划管理部门审批,落实投资计划,并且应当具备相应的协调能力。承包人应当具备相应的勘察、设计、施工等资质,资质等级低的,不能越级承包工程。

2.形式和程序的严谨性

一般合同当事人就合同条款达成一致,合同即告成立,不必一律采用书面形式。建设工程合同,履行期限长,工作环节多,涉及面广,应当采取书面形式,双方权利、义务应通过书面合同形式予以确定。此外,由于工程建设对于国家经济发展、公民工作生活有重大影响,国家对建设工程的投资和程序有严格的管理程序,建设工程合同的订立和履行也必须遵守国家关于基本建设程序的规定。

3.合同标的的特殊性

建设工程合同的标的是各类建筑产品,建筑产品是不动产,与地基相连,不能移动,这就决定了每项工程合同的标的物都是特殊的,相互间不同并且不可替代。另外,建筑产品的类别庞杂,其外观、结构、使用目的、使用人都各不相同,这就要求每一个建筑产品都需单独设计和施工,建筑产品单体性生产也决定了建设工程合同标的的特殊性。

4.合同履行的长期性

建设工程由于结构复杂、体积大、建筑材料类型多、工作量大,使得合同履行期限都较长。而且建设工程合同的订立和履行一般都需要较长的准备期,在合同的履行过程中,还可能因为不可抗力、工程变更、材料供应不及时等导致合同期限顺延。所有这些情况,决定了建设工程合同的履行期限具有长期性。

二、合同争议的解决

(一)解决合同争议的方法

合同争议也称合同纠纷,是指合同当事人对合同规定的权利和义务产生了不同的理解。合同争议的解决方式有协商、调解、仲裁、诉讼四种。其中协商和调解的结果没有强制执行的法律效力,要靠当事人自觉履行。这里所说的和解和调解是狭义的,如果在仲裁庭和法院主持下的和解和调解属于法定程序,仍有强制执行的法律效力。

(二)协商

协商是指当事人在自愿互谅的基础上,就已经发生的争议进行协商并达成协议,自行解决争议的一种方式。能够节省大量费用和时间,从而使当事人之间的争议得以较为经济和及时的解决。

(三)调解

调解是指第三人(调解人)应纠纷当事人的请求,依法或依合同约定,对双方当事人进行说服教育,居中调停,使其在互相谅解、互相让步的基础上解决纠纷的一种途径。

(四)仲裁

仲裁作为一个法律概念有其特定的含义,即指发生争议的当事人(申请人与被申请人),根据其达成的仲裁协议,自愿将该争议提交中立的第三者(仲裁机构)进行裁判的争议解决制度。

仲裁的原则有以下几条:

(1)自愿原则。解决合同争议是否选择仲裁方式,以及选择仲裁机构本身并无强制力。应当贯彻双方自愿原则,如果有一方不同意进行仲裁,仲裁机构即无权受理合同纠纷。

(2)公平合理原则。仲裁的公平合理是仲裁制度的生命力所在。这一原则要求仲裁机构要充分收集证据,听取纠纷双方的意见。仲裁应当根据事实,符合法律规定。

(3)仲裁依法独立进行原则。仲裁机构是独立的组织,相互间无隶属关系。仲裁依法独立进行,不受行政机关、社会团体和个人的干涉。

(4)一裁终局原则。由于仲裁是当事人基于对仲裁机构的信任做出的选择,因此其裁决是立即生效的。裁决做出后,当事人就同一纠纷再申请仲裁或向法院起诉的,将不予受理。

(五)诉讼

如果当事人没有在合同中约定通过仲裁解决争议,则只能通过诉讼作为解决争议的最终方式。诉讼是指人民法院在当事人和其他诉讼参与人的参加下,以审理、裁判、执行等方式解决民事纠纷的活动,以及由此产生的各种诉讼关系的总和。人民法院受理民事案件，依照法律实行合议、回避、公开审判和两审终审制度。

三、建设工程委托监理合同

（一）建设工程委托监理合同概述

1.委托监理合同的概念和特征

建设工程委托监理合同简称监理合同，是委托人与监理人就委托的工程项目管理内容签订的明确双方权利、义务的协议。监理合同是合同的一种，除具有委托合同的共同特点外，还具有以下特点：

（1）监理合同的当事人双方应当是具有民事权利能力和民事行为能力、取得法人资格的企事业单位、其他社会组织，个人在法律允许的范围内也可以成为当事人。而委托人必须是具有国家批准的建设项目，落实资金计划的企事业单位、其他社会组织及个人，作为受托人必须是依法成立的具有法人资格的监理企业，并且所承担的工程监理业务应与企业资质等级和业务范围相符合。

（2）监理合同委托的工作内容必须符合工程项目建设程序，遵守有关法律、行政法规。

（3）委托监理合同的标的是服务。即监理工程师凭自己的知识、经验、技能，受建设单位委托，对其所签订的其他合同的履行实施监督和管理。

2.建设工程委托监理合同示范文本

《建设工程委托监理合同（示范文本）》是建设部与国家工商行政管理局联合制定并颁布的，要求在全国范围内实行的格式文件。使用示范文本以后，使当事人订立合同时更加认真、更加规范，对当事人在订立合同时明确各自的权利义务、减少合同约定缺款少项、防止合同纠纷，起到积极作用。

《建设工程委托监理合同（示范文本）》由以下三部分组成：

（1）工程建设委托监理合同（下称“合同”）。

“合同”是一个总的协议，是纲领性的法律文件。其中明确了当事人双方确定的委托监理工程的概况（工程名称、地点、工程规模、总投资）；委托人向监理人支付报酬的期限和方式；合同签订、生效、完成日期；双方愿意履行约定的各项义务的表示。经双方当事人在合同上填写具体规定的内容并签字盖章后，即发生法律效力。

（2）建设工程委托监理合同标准条件。

标准条件的内容涵盖了合同中所用词语和定义，适用范围和法规，签约双方的责任、权利和义务，合同生效、变更与终止，监理报酬，争议的解决以及其他一些事项。它是委托监理合同的通用文件，适用于各类建设工程项目管理，各个委托人、监理人都应遵守。

（3）建设工程委托监理合同专用条件。

专用条件是对标准条件的补充和修正。由于标准条件适用于各种专业和专业项目的建设工程监理，其中某些条款规定得比较笼统，需要在签订具体工程项目监理合同时，结合地域特点、专业特点和工程项目的特点，对标准条件的某些条款进行补充和修改。

所谓“补充”，是指对标准条件中某些条款，在条款确定的原则下，在专用条件的条款中进一步明确具体内容，使两个条件中相同序号的条款共同组成一条内容完备的条款。

所谓“修改”,是指标准条件中规定的程序方面的内容,如果双方认为不合适,可以协议进行修改。

(二)监理合同的订立

1.委托工作的范围

委托人委托监理业务的范围可以非常广泛。从工程建设各阶级来说,可以包括建设前期与决策阶段的咨询服务,勘察设计阶段、施工准备阶段、施工阶段、项目收尾阶段和保修阶段的全过程的项目管理工作或某些阶段的监理工作。在某一阶段内,又可以进行投资、质量、工期的三大控制及信息、合同、安全的三项管理,以及对参加建设项目的有关方之间进行组织与协调(三控、三管、一协调)。但就具体项目而言,要根据工程的特点、监理人的能力、建设不同阶段的监理等诸方面因素,将委托的监理任务详细写入合同的专用条件。

2.对监理工作的要求

在监理合同中明确约定的监理人执行监理工作的要求,应当符合《建设工程监理规范》(GB/T 50319—2013)的规定,以及行业监理规范的规定。如水利工程还应符合《水利工程施工监理规范》(SL 288—2014)的规定。

3.监理合同的履行期限、地点和方式

订立监理合同时约定的履行期限、地点和方式是指合同中规定的当事人履行自己的义务,完成工作的时间、地点以及结算酬金。在双方签订监理合同时必须商定监理期限,标明开始日期和完成时期,日期是根据工程情况估算的。合同约定的监理酬金是根据上述日期估算的。如果委托人增加了委托工作范围或内容,导致延长合同期限,双方经过协商另行签订补充协议。监理酬金的支付方式(首期支付多少,每月等额支付还是根据工程形象进度支付,支付的币种等)也必须明确。

4.双方的权利

1)委托人的权利

根据监理合同的规定,监理人对委托人与第三方签订的各种承包合同的履行实施监理,因此委托人应向监理人授权。监理人可在监理合同规定的范围内自主地采取各种措施进行监督、管理和协调。如果超过权限,应取得委托人的同意。

对其他合同承包人的选定权。委托人是建设资金的持有者和建筑产品的所有人,因此对设计、施工、加工制造等合同,承包单位有选定权和订立合同的签字权。监理人在选定其他承包单位时仅有建议权。

委托监理工程重大事项的决定权。委托人有对工程规模、规划设计、生产工艺设计、设计标准和使用功能要求的认定权、工程设计变更审批权。

对监理人履行合同的监督控制权。委托人对监理人履行合同的监督权力体现在以下三个方面:对监理合同转让和分包的监督,除支付款的转让外,未经委托人同意监理人不得将涉及的利益或规定的义务转让给第三方;监理人员的控制监督,在合同专用条款或监理人的投标书内,应明确总监理工程师人选及项目监理机构派驻人员计划,合同履行时应向委托人报送人员名单,当需要调换总监理工程师时,需要委托人同意;对合同履行的监督权,有义务按时或按委托人要求提交监理报告或专题报告,供委托人检查监理工作执行情况，委托人如发现监理员不按监理合同履行职责或与承包单位串通给工程造成损失的，有权要求更换监理人员，直至终止合同并承担相应赔偿责任。

2) 监理人的权利

委托监理合同中赋予监理人的权利：完成监理任务后获得酬金的权利；终止合同的权利，如果委托人违约严重拖欠监理酬金或由于非监理人的责任使监理暂停的期限超过半年以上，监理人可终止合同。

监理人执行监理业务可以行使的权利：建设工程有关事项和工程设计的建议权；对实施项目的质量、工期、费用和安全的监督控制权；工程建设有关协作单位组织协调的主持权；在业务紧急情况下，为了工程和人身安全，超过委托人授权而发出的变更指令权，事先未得到批准，事后应尽快通知委托人；审核承包人索赔的权利。

5.订立监理合同需注意的问题

(1)坚持按法定程序签署合同。

监理合同的签订意味着双方都将受到合同的约束。签订合同必须是双方的法定代表人或其授权的代表签署并监督执行，避免合同失效或不必要的合同纠纷。另外，不可忽视来往函件。

(2)其他注意的问题。

监理合同是双方承担义务和责任的协议，也是双方合作和相互理解的基础，一旦出现争议，监理合同及其相关文件也是保护双方权利的法律基础。因此，在签订合同应做到文字简洁、清晰、严密，以保证意思表达准确。

(三)监理合同的履行

1.监理人应完成的监理工作

监理合同的专用条款中注明了监理工作的范围和内容，属于正常的监理人必须履行的合同义务。除正常的监理工作外，还应包括附加和额外的监理工作，这是订立合同时未能或不能合理预见，但也需要完成的工作。

1) 附加工作

附加工作是指与完成正常工作相关，在委托正常工作范围以外监理人完成的工作。可包括：由于委托人、第三方原因，使监理工作受到阻碍或延误，以致增加了工作或延续时间；增加监理工作的范围和内容等。

2) 额外工作

额外工作是指服务内容和附加工作以外的工作，即非监理人的原因而暂停或终止监理业务，其善后工作及恢复监理业务前不超过 42 天的准备工作时间。如合同履行中发生不可抗力，承包单位的施工被迫中断等。

对于附加工作和额外工作，因为都是委托人正常工作之外要求监理人必须履行的义务，因此委托人应在其完成工作后，另外支付酬金，酬金的计算办法应在专用条款内予以约定。

2.合同有效期

合同的通用条款规定，监理合同的有效期为双方签订合同后，工程准备工作开始，到监理人向委托人办理完竣工验收或工程移交手续，承包人和委托人已签订工程保修责任书,监理人收到监理酬金尾款,监理合同才终止。如果保修期仍需监理人执行监理工作,双方应在合同的专用条款中另行约定。

3.双方的义务

1)委托人的义务

委托人应负责建设工程所有外部关系的协调工作,满足开展监理工作所需提供的外部条件。

与监理人做好协调工作。委托人要授权一位熟悉建设工程情况,能迅速做出决定的常驻代表,负责与监理人联系,更换此人要提前通知监理人。

为了不耽搁服务,委托人应在合理的时间内就监理人以书面形式提交并要求做出决定的一切事宜做出书面决定。

为监理人顺利履行合同义务,做好协助工作,协助工作包括:将授予监理人的监理权利以及监理人及监理机构主要成员的职能分工、监理权限及时书面通知已选定的第三方,并在与第三方签订的合同中予以明确;在双方议定的时间内,免费提供与工程有关的监理服务所需要的工程资料;为监理人驻工地监理机构开展正常工作提供协助服务。

2)监理人的义务

监理人在履行合同义务期间,应运用合理的技能认真勤奋地工作,公正地维护有关方面的合法权益。当委托人发现监理人员不按监理合同履行监理职责,与承包人串通给委托人或工程造成损失时,委托人有权要求监理人更换监理人员,直到终止合同并要求监理人承担相应的赔偿责任或连带赔偿责任。

合同履行期间,应按合同约定派驻足够的人员从事监理工作。开始执行监理业务前,向委托人报送派驻该工程项目的总监理工程师及该项目监理机构的人员情况。合同履行过程中,如果需要调换总监理工程师,必须首先经过委托人同意,并派出具有相应资质能力的人员。

在合同期内或合同终止后,未征得有关方同意,不得泄露与本工程、合同业务有关的保密资料。

任何由委托人提供的供监理人使用的设施和物品都属于委托人资产,监理工作完成或中止时,应将设施和剩余物品归还委托人。

非经委托人书面同意,监理人及其职员不应接受委托监理合同约定以外与监理工程有关的报酬,以保证监理行为的公正性。

监理人不得参与可能与合同规定的与委托人利益相冲突的任何活动。

在监理过程中,不得泄露委托人的秘密,亦不得泄露设计、承包单位的秘密。

负责合同的协调管理工作。在委托工程范围内,委托人或承包人对对方的任何意见和要求(包括索赔要求),均必须首先向监理机构提出,由监理机构研究处置意见,再同双方协商确定。当委托人和承包人的意见发生歧义时,监理机构应根据自己的职能,以独立的身份判断,公正地进行调解。当双方争议由政府行政主管部门调解或仲裁机构仲裁时,应提供证明的事实材料。

4.违约责任

1)违约赔偿

合同执行过程中，由于当事人一方的过错，造成合同不能履行或者不能完全履行，由有过错的一方承担违约责任。在监理合同中制定了约束双方行为的条款“委托人责任”和“监理人责任”。

2)监理人的责任限度

在委托监理合同的标准条件中规定，监理人在责任期内，如果因过失而造成经济损失，要负监理失职责任；监理人不对责任期以外发生的任何事情所引起的损失或损害负责，也不对第三方违反合同规定的质量要求和完工(交图、交货)时限承担责任。

5.监理合同的价款与酬金

1)正常的监理酬金

正常的监理酬金构成，是监理单位在工程项目监理中所需的全部成本再加上合理的利润和税金。具体应包括直接成本和间接成本。

(1)直接成本：监理人员和监理辅助人员的工资，用于该项工程监理人员的其他专项开支，仪器和设备的摊销费用，所需的其他外部协作费用等。

(2)间接成本：管理人员和后勤服务人员的工资，经营业务费，办公费，交通差旅费，固定资产及常用工器具、设备使用费，培训费，图书费等。

监理酬金的计算方法主要以下四种：

(1)按照监理工程概预算的百分比计收。此法比较方便、科学，是最常用的一种计算方法。

(2)按照参与监理工作的年度平均人数计算。此法主要适用于单工种或临时性，或不宜按工程概预算的百分比计取监理酬金的监理项目。

(3)由委托人和监理人按商定的其他方法计收。

(4)中外合资、合作、外商独资的建设工程项目，监理酬金的计取方法，由双方参照国际标准协商确定。

2)附加监理工作的酬金

附加监理工作的酬金包括增加监理工作时间的补偿酬金和增加监理工作内容的补偿酬金。

3)额外监理工作的酬金

额外监理工作的酬金按实际增加工作的天数计算补偿金额。

4)奖金

监理人在监理过程中提出合理化建议使委托人获得了经济效益，有权按专用条款的约定获得经济奖励。

四、施工阶段项目监理机构合同管理

(一)施工阶段的合同管理

1.施工合同的管理

施工合同的管理是项目监理机构一项重要的工作，整个工程项目的监理工作即可视为施工合同管理的全过程。

监理单位应积极参加工程招标投标及评价工作,协助建设单位择优选择承包单位,并参与协助建设单位签订施工合同,保证施工合同内容的合法性,协助施工合同的执行及工程建设的顺利实施。

项目监理机构总监理工程师任命一名监理人员作为专职或兼职的合同管理员,负责本工程项目的合同管理工作。

总监理工程师组织项目监理机构监理人员对施工合同进行分析,主要熟悉和了解合同的内容有:工程概况,工期目标,质量目标,承包方式及承包价,控制工程质量的标准,与监理工作有关的条款,风险及责任分析,违约处理条款,其他有关事项。

2.委托监理合同的管理

总监理工程师组织项目监理人员对委托监理合同进行分析,主要应了解和熟悉合同的内容有:监理服务范围,双方权利、义务和责任,工期目标,质量标准,费用标准,违约处理条款,监理酬金支付条款,其他有关事项。

3.报送施工合同分析结果

将工程实施合同分析结果书面报告建设单位。施工合同、委托监理合同的分析报告均应归入监理档案。

4.合同归档及分解

项目监理机构合同管理员收集建设单位与第三方签订的涉及监理业务的合同(工程分包合同,材料、设备订货合同等),进行归档管理并将其内容分解到三大控制中去,交各专业监理工程师分别按其专业或内部职务分工进行控制与管理,并及时将信息反馈给合同管理员。

5.反馈信息处理

合同管理员将汇集到的各方对施工合同执行的反馈信息进行综合、分析、对比与检查,并根据预控的原则进行跟踪管理。主要的对比检查内容有:工程质量是否可能违反施工合同规定的目标;工程进度是否符合进度计划;工程费用有否可能超过计划;建设、承包单位有否违约行为;已签订的工程分包合同,材料、设备订货合同执行情况;其他有关合同执行的情况。

如发现合同执行情况不正常,应报告总监理工程师采取纠正措施,并通知建设、承包单位共同研究后执行。

合同管理员应将合同执行情况写入监理月报。

(二)合同其他事项的管理工作

1.工程变更的管理

工程变更可分为设计变更与工程洽商两类,应分别予以处理。

1)设计变更

建设单位、承包单位、设计单位提出设计变更要求时,应先提出书面文件报项目监理机构,由总监理工程师组织专业监理工程师审查,同意后由建设单位、承包单位出面与设计单位洽商。

项目监理机构审查设计变更文件时,应了解实际情况,收集与工程变更有关的资料,总监理工程师指定的专业监理工程师必须根据实际情况、设计变更文件和其他有关资料，按照施工合同的有关条款，完成对工程变更费用和工期的评估。内容有：确定工程变更项目与已有工程之间类似程度和困难程度；确定工程变更项目的工程量、单价或总价；工程变更对工期的影响；变更后对工程质量和使用功能的影响。

以上评估的结论作为项目监理机构是否同意此项设计变更，并与建设单位、承包单位进行协调的依据。

项目监理机构如取得建设单位的授权，在与承包单位在工程变更费用、工期、质量等所有方面取得协商一致后，建设单位、承包单位在工程变更文件上签认。如未取得建设单位的授权，总监理工程师应力促建设单位、承包单位进行协商，达成一致。如建设单位、承包单位双方在工程费用方面未能达到一致，项目监理机构可提一个暂定价格，以便于支付工程进度款。

设计单位应根据工程变更情况编发"设计变更通知单"（重大或复杂的设计变更应提供设计变更施工图纸，不得仅以文字说明代替）。项目监理机构应对"设计变更通知单"进行审核，同意后交承包单位实施。

2）工程洽商

工程洽商是对施工中工程做法的改变、工程量的增减、临时用工等问题，由建设单位与承包单位之间达成的协议，一般不涉及设计单位，或涉及设计单位但尚不构成设计变更的。

（1）承包单位提出的工程洽商。凡涉及设计单位的，应先征求设计单位的意见，如同意时在工程洽商文件上签字，报项目监理机构审核；凡不涉及设计单位的，承包单位应将工程洽商文件直接报项目监理机构审核。项目监理机构对工程洽商文件进行审核批准后征求建设单位的意见，同意后签认工程洽商文件，交承包单位实施。承包单位应将因实施此项工程洽商对工程费用、工期产生的影响，书面报告项目监理机构备案。

（2）建设单位提出工程洽商。由建设单位提出工程洽商文件，与设计单位、承包单位协商办理签认手续，处理步骤参见承包单位提出工程洽商。

（3）设计单位提出工程洽商。凡不构成设计变更时，由设计单位提出工程洽商文件，与承包单位、建设单位洽商并办理签认手续，处理步骤参见承包单位提出工程洽商。

项目监理机构应监督承包单位对"设计变更通知单"及工程洽商文件的执行情况。在总监理工程师未签认"设计变更通知单"、工程洽商文件之前，承包单位不得实施。

2.工程暂停及复工的管理

（1）总监理工程师在签发"工程暂停令"时，应根据工程暂停后的影响范围和影响程度，按照施工合同和委托监理合同的约定，征求建设单位同意后签发，或签发后向建设单位通报。

（2）总监理工程师可下达"工程暂停令"的情况有：应建设单位的要求暂停施工，且工程需要停工时；发现严重的质量隐患，或发生严重的工程质量事故，需要进行停工处理时；发现严重的安全隐患，或发生严重的安全事故，需要停工处理时；发现建筑材料、构配件、设备质量严重不合格；承包单位未经许可擅自施工，或拒绝项目监理机构管理；其他必须暂停施工的紧急事件。

（3）总监理工程师在签发"工程暂停令"时，应根据停工原因的影响范围和影响程序，明确指出工程项目的停工范围。

(4)如由于承包单位原因暂停施工后,承包单位应全力以赴,排除停工原因进行整改,争取尽早复工,建设单位、监理单位予以密切配合;如由于建设单位原因暂停施工后,建设单位应全力以赴,排除停工原因,争取尽快复工,承包单位、监理单位予以密切配合。

(5)如由于建设单位原因或其他非承包单位原因导致工程暂停,总监理工程师在签发"工程暂停令"之前应就有关工期和费用等事项与承包单位进行协商。暂停施工前及停工期间,项目监理机构应如实记录所发生的情况。在施工暂停原因被排除后具备复工条件时,总监理工程师应及时通知承包单位复工。

(6)如果由于承包单位原因导致工程暂停,在具备复工条件时,项目监理机构应审查承包单位报送的"工程复工报审表"及有关资料,同意后由总监理工程师签批"工程复工报审表",指令承包单位复工。

(7)在工程暂停期间,总监理工程师宜会同有关各方,按照施工合同的约定处理因工程暂停期间所引起的工期、费用等有关事项。与承包单位协商重新签订新的工期和费用的协议。承包单位编制新的工程进度计划报项目监理机构审批。

3.工程延期及工程延误的处理

(1)承包单位可以向监理单位提出工程延期(工期索赔)原因有:建设单位未能按施工合同专用条款的约定提供施工图及其他开工所需的条件;建设单位未能按约定日期支付工程预付款、工程进度款,致使施工不能正常进行;监理工程师未能按施工合同的约定提供所需的指令、批准等,致使施工不能正常进行;由于设计发生重大变更,或工程量有大量增加;一周内由于非承包单位原因停水、停电、停气造成停工累计超过8小时;由于不可抗力造成停工;施工合同专用条款中约定或监理工程师同意工程延期的其他情况。

(2)监理单位受理工程延期的条件:工程延期事件发生后,如该事件具有持续性影响,承包单位应在施工合同规定的期限内提交"工程临时延期申请表";承包单位在工程延期事件持续时间内向项目监理机构陆续报送有关的详细资料及证明资料;工程延期事件终结后,承包单位向项目监理机构提交最终的"工程延期申请表"。

(3)工程延期事件发生后,监理单位采取的工作步骤:对承包单位最初提交的"工程临时延期申请表",经初步审查同意后,由总监理工程师签发"工程临时延期审批表";及时与建设单位协商,转交有关报告与资料;进行调查研究,收集有关资料,做好记录;对发生工程延期的原因进行分析,提出尽可能减少损失的建议,督促承包单位采取措施尽量减轻对工程的影响;审查承包单位提交的最终"工程延期申请表"及有关资料,在施工合同约定的时限内予以审批。

(4)监理单位审核工程延期的原则:情况属实;施工合同中有明确的条款依据;工程延期事件必须发生在被批准的工程进度网络计划的关键线路上,或不在关键线路上,但大于该工作自由时差。

(5)工程延期时间终止,监理单位与建设单位协商一致,审定延期日数,向承包单位签发"工程最终延期审批表"。

(6)承包单位、建设单位签订新的工期协定,承包单位编制新的总进度计划交监理单位审批,如涉及费用索赔,按有关规定办理。

(7)如承包单位由于自身原因未能按照施工合同要求的工期竣工,以致造成工期延误,项目监理机构应按施工合同的规定从承包单位应得的工程款中扣除误期损害赔偿费。

4.费用索赔的处理

(1)监理工程师应按照预控原则,尽量控制不发生或少发生索赔事件,减轻建设单位的损失。如采取预测和防范措施,防止干扰合同管理情况的发生,已发生时应采取措施减少影响与损失。

(2)项目监理机构处理费用索赔的依据:国家有关法律、法规和当地政府的有关法令、法规;本工程项目的施工合同;国家、行业管理部门和当地政府发布的有关标准、规范及定额;施工合同履行过程中与索赔事件有关的凭证材料。

(3)监理工程师处理索赔的原则:参与索赔事件处理的全过程,实事求是,严肃调查研究,严格确定索赔额;维护建设单位的合法权益,也不损害承包单位的正当权益。

(4)项目监理机构受理费用索赔的条件:由于特殊风险(战争、敌对行动、入侵行动、政变、暴乱、内战等,核污染造成的危害)给工程或承包单位带来由于工程需要修理或重建造成的直接损失;一个有经验的承包单位无法预见到的自然条件(山洪暴发、特大降雨、降雪、地震、飓风等)造成施工费用的增加;非承包单位原因(如提供的红线桩或放线资料不准确,由于国家或当地政府有关法令、法规的改变引起费用的增加等)造成工程延期时,停工、复工等施工费用的增加;由于工程变更引起的额外费用(如承包单位对监理工程师确定的工程单价不满要求增加的费用,由于取消某些工程项目,承包单位遭受额外损失的费用等)。

(5)监理单位处理费用索赔的程序:承包单位在施工合同规定的期限内,向监理单位提交对建设单位的费用索赔意向通知书;总监理工程师指定专业监理工程师收集与索赔有关的资料;承包单位在施工合同规定的时限内向项目监理机构提交"费用索赔申请表"及有关详细资料和证明材料;总监理工程师初步审查"费用索赔审批表"及有关资料,如符合条件则予以受理;总监理工程师对费用索赔事件进行详细审查,初步确定一个赔偿额度后与承包单位、建设单位进行协商;总监理工程师应在施工合同规定的时限内签署"费用索赔审批表",或在施工合同规定的时限内发出要求承包单位提交有关索赔的进一步详细资料或材料的通知,待收到承包单位送来的资料和材料后,重新按程序进行。

(6)监理工程师审核费用索赔的原则:费用索赔的程序、时限符合施工合同的有关规定;费用索赔申报文件的格式与内容符合要求;费用索赔申报材料、资料真实、齐全,手续完备;申请费用索赔的理由充分、正确,在施工合同上有依据;索赔金额计算原则与方法合理、合法。

(7)当费用索赔与工程延期要求有关联时,总监理工程师在批准费用索赔时,应与工程延期的批准联系起来,综合做出费用索赔和工程延期的决定。

(8)费用索赔是双向的,由于承包单位的原因造成建设单位的额外损失时,建设单位也可向承包单位提出费用索赔。

索赔理由:由于承包单位原因造成工期延误,根据施工合同的规定,承包单位应向建设单位支付违约金;由于承包单位的质量事故给工程带来永久性缺陷;在施工过程中承包单位对建设单位的财产造成损失;其他属于费用索赔范围内的问题。

索赔程序:建设单位提出索赔意见后,与监理单位协商取得一致意见;监理单位向承包单位发出“监理工程师通知单”,说明索赔理由、索赔金额,并附有有关资料或证明材料;建设单位、承包单位双方协商,监理单位进行协调,根据有理(施工合同中有规定)、有据(有完备的资料)、有法(有相关法规的规定)的原则,尽可能取得一致意见后商定补偿金的支付办法;协商不成,按合同争议处理。

(9)可以作为费用索赔依据的资料:项目监理机构的监理日志与项目监理人员的监理日记;双方来往信件(包括承包单位的申请表,监理工程师通知单、审批表等);施工进度记录;会议记录;工程照片,录像资料;付款凭证及单据;各种试验记录;合同、标书、施工图及有关文件、设计变更和工程洽商文件;其他。

5.合同争议的调解

(1)建设单位与承包单位发生合同争议后,应由一方书面通知项目监理机构,总监理工程师在规定的时限内组织人员进行以下工作:及时了解合同争议的全部情况,包括调查和取证;及时与合同争议的双方进行磋商;在项目监理机构提出调解方案后,由总监理工程师进行调解;当调解未达成一致时,总监理工程师应在施工合同规定的时限内提出处理该项目合同争议的意见,并书面通知争议双方;争议双方接到项目监理机构对合同争议的书面处理意见后,在规定的时限内未提出异议,则可以认为此意见成为最后的决定,双方必须执行;如项目监理机构的调解工作无效,争议属于合同条款的解释问题,可请求当地政府建设合同管理部门予以调处;以上调处无效时,可按施工合同的约定请仲裁部门予以仲裁,或向法院起诉。

(2)在以上调处、仲裁、起诉的过程中,监理单位均有义务作为证人或提供公正的证物。

(3)在处理合同争议的全过程中,监理单位应督促双方继续执行合同保持施工连续,保护好已建完的工程,除非出现以下情况:由于一方违约已造成合同确实无法履行,双方协议停止施工;调解方提出停止施工,且被双方接受;仲裁部门要求停工;法院要求停工。

6.违约处理

(1)建设单位的违约情况:不能按合同约定给出指令、确认和批准;不按合同履行自己的义务;不能在合同规定的时限内,向承包单位支付工程款;发生其他使合同不能履行的行为。

(2)承包单位的违约情况:不能按合同约定的工期竣工;工程质量达不到设计要求、规范要求或施工合同的要求;发生其他使合同不能履行的行为。

(3)违约处理原则:监理单位有义务经常提醒建设单位、承包单位不发生违约事件;在监理过程中如发现有违约可能,应及时劝阻违约一方不发生或少发生违约事件;已发生违约事件后,监理单位应在充分调查事件的基础上,以事实为根据,以合同约定为准绳,公平合理地予以处理;在处理过程中应充分听取双方的意见,充分协商,尽量做到双方都能基本满意。

(4)违约处理程序:受损失一方提出书面文件通知项目监理机构;项目监理机构对违约事件进行调查研究,提出处理方案,组织双方进行协商。能协商一致,双方签订书面协议,并执行协议;调解不成可按合同争议有关规定处理。

(5)如任一方要求全部或部分解除合同,监理单位应慎重处理,以尽量减少经济损失为原则。

7.合同的生效、终止与解除

(1)合同的生效。建设单位与承包单位履行完毕施工合同中规定的手续后,合同即生效。

(2)合同的终止。建设单位、承包单位均已履行完施工合同中规定的全部义务,竣工结算单位仍有按合同中质量保修条款的规定,在工程质量保修期内承担工程质量保修的责任。

(3)合同的解除。施工合同的解除必须符合法律程序,并且建设单位与承包单位协商取得一致。

双方可解除合同的情况有:因不可抗力使合同无法履行,因一方违约致使合同无法履行。

(4)合同解除后不影响双方在合同中约定的结算和清理工程款的效力。

当建设单位违约导致施工合同最终解除时,项目监理机构应就承包单位按合同规定应得的工程款与建设单位、承包单位双方进行协商,并按合同的规定从下列应得的工程款中确定承包单位应得的全部款项,并书面通知承包单位和建设单位:承包单位已完成的工程量表中所列的已完成工程应得的款项;按批准的采购计划订购的建筑材料、设备等,承包单位所支付的款项;承包单位将施工设备撤离至原基地或其他目的地的合理费用;承包单位所有人员的合理遣返费用;合理的利润补偿;施工合同规定的建设单位应支付的违约金。

由于承包单位违约导致施工合同解除时,项目监理机构应按下列程序清理承包单位应得的工程款,或偿还建设单位的相关款项,并书面通知承包单位和建设单位:施工合同中止时,清理承包单位已按施工合同规定实际完成的工程应得款和已得到支付的工程款;施工现场尚未使用完的任何建筑材料、构配件和设备,以及临时工程的价值;对已完工程进行检查和验收,移交工程质量文件,该部分工程的清理、质量缺陷的修补等所需的费用;施工合同规定的承包单位应支付的违约金。

总监理工程师按照施工合同的约定,在与建设单位、承包单位协商后,书面提交承包单位应得的款项或偿还建设单位款项的证明文件,并督促建设单位、承包单位双方履行。

(5)由于不可抗力或建设单位、承包单位原因导致施工合同解除时,项目监理机构应按施工合同有关规定处理合同解除后的有关事项。

任务二 建设工程施工合同的管理

根据有关工程建设施工的法律、法规,结合我国工程建设施工的实际情况,并借鉴了国际上广泛使用的土木工程施工合同(特别是 FIDIC 土木工程施工合同条件),住房城乡建设部、国家工商行政总局对《建设工程施工合同(示范文本)》(GF-2013-0201)进行了修订,制定了《建设工程施工合同(示范文本)》(GF-2017-0201)(简称《示范文本》)。《示范文本》是各类公用建筑、民用住宅、工业厂房、交通设施及线路管道施工合同和设备安装合同的样本。

一、《示范文本》的组成

《示范文本》由合同协议书、通用合同条款和专用合同条款三部分组成。

（一）合同协议书

《示范文本》合同协议书共计 13 条，主要包括：工程概况、合同工期、质量标准、签约合同价和合同价格形式、项目经理、合同文件构成、承诺以及合同生效条件等重要内容，集中约定了合同当事人基本的合同权利义务。

（二）通用合同条款

通用合同条款是合同当事人根据《中华人民共和国建筑法》《中华人民共和国合同法》等法律法规的规定，就工程建设的实施及相关事项，对合同当事人的权利义务做出的原则性约定。

通用合同条款共计 20 条，具体条款分别为：一般约定、发包人、承包人、监理人、工程质量、安全文明施工与环境保护、工期和进度、材料与设备、试验与检验、变更、价格调整、合同价格、计量与支付、验收和工程试车、竣工结算、缺陷责任与保修、违约、不可抗力、保险、索赔和争议解决。前述条款安排既考虑了现行法律法规对工程建设的有关要求，也考虑了建设工程施工管理的特殊需要。

（三）专用合同条款

专用合同条款是对通用合同条款原则性约定的细化、完善、补充、修改或另行约定的条款。合同当事人可以根据不同建设工程的特点及具体情况，通过双方的谈判、协商对相应的专用合同条款进行修改补充。在使用专用合同条款时，应注意以下事项：

（1）专用合同条款的编号应与相应的通用合同条款的编号一致；

（2）合同当事人可以通过对专用合同条款的修改，满足具体建设工程的特殊要求，避免直接修改通用合同条款；

（3）在专用合同条款中有横道线的地方，合同当事人可针对相应的通用合同条款进行细化、完善、补充、修改或另行约定；如无细化、完善、补充、修改或另行约定，则填写“无”或划“/”。

二、《示范文本》的性质和适用范围

《示范文本》为非强制性使用文本。《示范文本》适用于房屋建筑工程、土木工程、线路管道和设备安装工程、装修工程等建设工程的施工承发包活动，合同当事人可结合建设工程的具体情况，根据《示范文本》订立合同，并按照法律法规规定和合同约定承担相应的法律责任及合同权利义务。

三、合同文件构成

《示范文本》协议书与下列文件一起构成合同文件：

（1）中标通知书（如果有）；

（2）投标函及其附录（如果有）；

(3)专用合同条款及其附件；
(4)通用合同条款；
(5)技术标准和要求；
(6)图纸；
(7)已标价工程量清单或预算书；
(8)其他合同文件。

在合同订立及履行过程中形成的与合同有关的文件均构成合同文件组成部分。

上述各项合同文件包括合同当事人就该项合同文件所做出的补充和修改，属于同一类内容的文件，应以最新签署的为准。专用合同条款及其附件须经合同当事人签字或盖章。

任务三　施工项目合同的签订及履行

一、施工项目合同的签订

(一)施工合同签订的原则

施工合同签订的原则见表3-1。

表3-1　施工合同签订的原则

原则	说明
依法签订的原则	(1)必须依据《中华人民共和国经济合同法》《建筑安装工程承包合同条例》《建设工程施工合同管理办法》等有关法律法规； (2)合同的内容、形式、签订的程序均不得违法； (3)当事人应当遵守法律、行政法规和社会公德，不得扰乱社会经济秩序，不得损害社会公共利益； (4)根据招标文件的要求，结合合同实施中可能发生的各种情况进行周密、充分的准备，按照“缔约过失责任原则”保护企业的合法权益
平等互利、协商一致的原则	(1)发包方、承包方作为合同的当事人，双方均平等地享有经济权利，平等地承担经济义务，其经济法律地位是平等的，没有主从关系； (2)合同的主要内容，须经双方协商、达成一致，不允许一方将自己的意志强加于对方、以行政手段干预对方、压服对方等现象发生
等价有偿原则	(1)签约双方的经济关系要合理，当事人的权利义务是对等的； (2)合同条款中亦应充分体现等价有偿原则，即 • 一方给付，另一方必须按价值相等原则作相应给付 • 不允许发生无偿占有、使用另一方财产现象 • 对工期提前、质量全优要予以奖励 延误工期、质量低劣应罚款 提前竣工的收益由双方分享等

续表 3-1

原则	说明
严密完备的原则	(1)充分考虑施工期内各个阶段,施工合同主体间可能发生的各种情况和一切容易引起争端的焦点问题,并预先约定解决问题的原则和方法; (2)条款内容力求完备,避免疏漏,措辞力求严谨、准确、规范; (3)对合同变更、纠纷协调、索赔处理等方面应有严格的合同条款做保证,以减少双方矛盾
履行法律程序的原则	(1)签约双方都必须具备签约资格,手续健全; (2)代理人超越代理人权限签订的工程合同无效; (3)签约的程序符合法律规定; (4)签订的合同必须经过合同管理的授权机关鉴证、公证和登记,对合同的真实性、可靠性、合法性进行审查,并给予确认,方能生效

(二)签订施工合同的程序

作为承包商的建筑施工企业在签订施工合同工作中,主要的程序如表 3-2 所示。

表 3-2　签订施工合同的程序

程序	内容
市场调查建立联系	(1)施工企业对建筑市场进行调查研究; (2)追踪获取拟建项目的情况和信息,以及业主情况; (3)当对某项工程有承包意向时,可进一步详细调查,并与业主取得联系
表明合作意愿投标报价	(1)接到招标单位邀请或公开招标通告后,企业领导做出投标决策; (2)向招标单位提出投标申请书、表明投标意向; (3)研究招标文件,着手具体投标报价工作
协商谈判	(1)接受中标通知书后,组成包括项目经理的谈判小组,依据招标文件和中标书草拟合同专用条款; (2)与发包人就工程项目具体问题进行实质性谈判; (3)通过协商、达成一致,确立双方具体权利与义务,形成合同条款; (4)参照施工合同示范文本和发包人拟定的合同条件与发包人订立施工合同
签署书面合同	(1)施工合同应采用书面形式的合同文本; (2)合同使用的文字要经双方确定,用两种以上语言的合同文本,须注明几种文本是否具有同等法律效力; (3)合同内容要详尽具体,责任义务要明确,条款应严密完整,文字表达应准确规范; (4)确认甲方,即业主或委托代理人的法人资格或代理权限; (5)施工企业经理或委托代理人代表承包方与甲方共同签署施工合同
鉴证与公证	(1)合同签署后,必须在合同规定的时限内完成履约保函、预付款保函、有关保险等保证手续; (2)送交工商行政管理部门对合同进行鉴证并缴纳印花税; (3)送交公证处对合同进行公证; (4)经过鉴证、公证,确认了合同真实性、可靠性、合法性后,合同发生法律效力,并受法律保护

二、施工项目合同的履行

施工项目合同履行的主体是项目经理和项目经理部。项目经理部必须从施工项目的施工准备、施工、竣工至维修期结束的全过程中，认真履行施工合同，实行动态管理，跟踪收集、整理、分析合同履行中的信息，合理、及时地进行调整。还应对合同履行进行预测，及早提出和解决影响合同履行的问题，以避免或减少风险。

（一）项目经理部履行施工合同应遵守的规定

（1）必须遵守《合同法》《建筑法》规定的各项合同履行原则和规则。

（2）在行使权利、履行义务时应当遵循诚实信用原则和坚持全面履行的原则。全面履行包括实际履行（标的的履行）和适当履行（按照合同约定的品种、数量、质量、价款或报酬等的履行）。

（3）项目经理由企业授权负责组织施工合同的履行，并依据《合同法》规定，与业主或监理工程师打交道，进行合同的变更、索赔、转让和终止等工作。

（4）如果发生不可抗力致使合同不能履行或不能完全履行，应及时向企业报告，并在委托权限内依法及时进行处置。

（5）遵守合同对约定不明条款、价格发生变化的履行规则，以及合同履行担保规则和抗辩权、代位权、撤销权的规则。

（6）承包人按专用条款的约定分包所承担的部分工程，并与分包单位签订分包合同。非经发包人同意，承包人不得将承包工程的任何部分分包。

（7）承包人不得将其承包的全部工程倒手转给他人承包，也不得将全部工程肢解后以分包的名义分别转包给他人，这是违法行为。工程转包是指：承包人不行使承包人的管理职能，不承担技术经济责任，将其承包的全部工程，或将其肢解以后以分包的名义分别转包给他人；或将工程的主要部分，或群体工程的半数以上的单位工程倒手转给其他施工单位；以及分包人将承包的工程再次分包给其他施工单位，从中提取回扣的行为。

（二）项目经理部履行施工合同应做的工作

（1）应在施工合同履行前，针对工程的承包范围、质量标准和工期要求，承包人的义务和权力，工程款的结算、支付方式与条件，合同变更、不可抗力影响、物价上涨、工程中止、第三方损害等问题产生时的处理原则和责任承担，争议的解决方法等重要问题进行合同分析，对合同内容、风险、重点或关键性问题做出特别说明和提示，向各职能部门人员交底，落实根据施工合同确定的目标，依据施工合同指导工程实施和项目管理工作。

（2）组织施工力量；签订分包合同；研究熟悉设计图纸及有关文件资料；多方筹集足够的流动资金；编制施工组织设计、进度计划、工程结算付款计划等，做好施工准备，按时进入现场，按期开工。

（3）制订科学、周密的材料、设备采购计划，采购符合质量标准的、价格低廉的材料、设备，按施工进度计划，及时进入现场，搞好供应和管理工作，保证顺利施工。

（4）按设计图纸、技术规范和规程组织施工；做好施工记录，按时报送各类报表；进行各种有关的现场或实验室抽检测试，保存好原始资料；制定各种有效措施，采取先进的管理方法，全面保证施工质量达到合同要求。

(5)按期竣工,试运行,通过质量检验,交付业主,收回工程价款。

(6)按合同规定,做好责任期内的维修、保修和质量回访工作。对属于承包方责任的工程质量问题,应负责无偿修理。

(7)履行合同中关于接受监理工程师监督的规定,如有关计划、建议须经监理工程师审核批准后方可实施;有些工序须监理工程师监督执行,所做记录或报表要得到其签字确认;根据监理工程师要求报送各类报表、办理各类手续;执行监理工程师的指令,接受一定范围内的工程变更要求等。承包商在履行合同中还要自觉地接受公证机关、银行的监督。

(8)项目经理部在履行合同期间,应注意收集、记录对方当事人违约事实的证据,即对发包方或业主履行合同进行监督,作为索赔的依据。

三、分包合同的签订与履行

承包人经发包人同意或按照合同约定,可将承包项目的部分非主体工程、非关键工作分包给具备相应的资质条件的分包人完成,并与之订立分包合同。

(一)分包合同文件组成及优先顺序

(1)分包合同协议书。

(2)承包人发出的分包中标书。

(3)分包人的报价书。

(4)分包合同条件。

(5)标准规范、图纸、列有标价的工程量清单。

(6)报价单或施工图预算书。

(二)履行分包合同的要求

(1)工程分包不能解除承包人任何责任与义务,承包人应在分包现场派驻相应的监督管理人员,保证本合同的履行。履行分包合同时,承包人应就承包项目(其中包括分包项目),向发包人负责,分包人就分包项目向承包人负责。分包人与发包人之间不存在直接的合同关系。

(2)分包人应按照分包合同的规定,实施和完成分包工程,修补其中的缺陷,提供所需的全部工程监督、劳务、材料、工程设备和其他物品,提供履约担保、进度计划,不得将分包工程进行转让或再分包。

(3)承包人应提供总包合同(工程量清单或费率所列承包人的价格细节除外)供分包人查阅。

(4)分包人应当遵守分包合同规定的承包人的工作时间和规定的分包人的设备材料进出场的管理制度。承包人应为分包人提供施工现场及其通道;分包人应允许承包人和监理工程师等在工作时间内合理进入分包工程的现场,并提供方便,做好协助工作。

(5)分包人延长竣工时间应根据下列条件:承包人根据总包合同延长总包合同竣工时间;承包人指示延长;承包人违约。分包人必须在延长开始 14 天内将延长情况通知承包人,同时提交一份证明或报告,否则分包人无权获得延期。

(6)分包人仅从承包人处接受指示,并执行其指示。如果上述指示从总包合同来分析是监理工程师失误所致,则分包人有权要求承包人补偿由此而导致的费用。

(7)分包人应根据下列指示变更、增补或删减分包工程:监理工程师根据总包合同做出的指示,再由承包人作为指示通知分包人;承包人的指示。

(8)分包工程价款由承包人与分包人结算。发包人未经承包人同意不得以任何名义向分包单位支付各种工程款项。

(9)由于分包人的任何违约行为、安全事故或疏忽、过失导致工程损害或给发包人造成损失,承包人承担连带责任。

四、施工项目合同履行中的问题及处理

施工项目合同履行过程中经常遇到不可抗力问题、施工合同的变更、违约、索赔、争议、终止与评价等问题。

(一)发生不可抗力

不可抗力是指合同当事人不能预见、不能避免并不能克服的客观情况。建设工程施工中的不可抗力包括因战争、动乱、空中飞行物坠落或其他非发包方责任造成的爆炸、火灾,以及专用条款中约定程度的风、雨、雪、洪水、地震等自然灾害。

在订立合同时,应明确不可抗力的范围、双方应承担的责任。在合同履行中加强管理和防范措施。当事人一方因不可抗力不能履行合同时,有义务及时通知对方,以减轻可能给对方造成的损失,并应当在合理期限内提供证明。

不可抗力发生后,承包人应在力所能及的条件下迅速采取措施,尽量减少损失,并在不可抗力事件发生过程中,每隔 7 天向工程师报告一次受害情况;不可抗力事件结束后 48 小时内向工程师通报受害情况和损失情况,以及预计清理和修复的费用;14 天内向工程师提交清理和修复费用的正式报告。

因不可抗力事件导致的费用及延误的工期由合同双方承担责任:

(1)工程本身的损害、因工程损害导致第三方人员伤亡和财产损失以及运至施工现场用于施工的材料和待安装的设备的损害,由发包人承担。

(2)发包方及承包方人员伤亡由其所在单位负责,并承担相应费用。

(3)承包人机械设备损坏及停工损失,由承包人承担。

(4)停工期间,承包人应工程师要求留在施工场地的必要的管理人员及保卫人员的费用由发包人承担。

(5)工程所需清理、修复费用,由发包人承担。

(6)延误的工期相应顺延。

因合同一方迟延履行合同后发生不可抗力的,不能免除迟延履行方的相应责任。

(二)合同变更

合同变更是指依法对原来合同进行的修改和补充,即在履行合同项目的过程中,由于实施条件或相关因素的变化,而不得不对原合同的某些条款做出修改、订正、删除或补充。合同变更一经成立,原合同中的相应条款就应解除。合同变更是在条件改变时,对双方利益和义务的调整,适当及时的合同变更可以弥补原合同条款的不足。

合同变更一般由工程师提出变更指令,它不同于《示范文本》的“工程变更”或“工程设计变更”。后者是由发包人提出并报规划管理部门和其他有关部门重新审查批准。

1.合同变更的理由

(1)工程量增减。

(2)资料及特性的变更。

(3)工程标高、基线、尺寸等变更。

(4)工程的删减。

(5)永久工程的附加工作,设备、材料和服务的变更等。

2.合同变更的原则

(1)合同双方都必须遵守合同变更程序,依法进行,任何一方都不得单方面擅自更改合同条款。

(2)合同变更要经过有关专家(监理工程师、设计工程师、现场工程师等)的科学论证和合同双方的协商。在合同变更具有合理性、可行性,而且由此而引起的进度和费用变化得到确认和落实的情况下方可实行。

(3)合同变更的次数应尽量减少,变更的时间亦应尽量提前,并在事件发生后的一定时限内提出,以避免或减少给工程项目建设带来的影响和损失。

(4)合同变更应以监理工程师、业主和承包商共同签署的合同变更书面指令为准,并以此作为结算工程价款的凭据。紧急情况下,监理工程师的口头通知也可接受,但必须在48小时内追补合同变更书。承包人对合同变更若有不同意见,可在7~10天内书面提出,但业主决定继续执行的指令,承包商应继续执行。

(5)合同变更所造成的损失,除依法可以免除的责任外,如由于设计错误、设计所依据的条件与实际不符、图与说明不一致、施工图有遗漏或错误等,应由责任方负责赔偿。

3.合同变更的程序

合同变更的程序应符合合同文件的有关规定,如图3-1所示。

(三)合同解除

合同解除是在合同依法成立之后的合同规定的有效期内,合同当事人的一方有充足的理由,提出终止合同的要求,并同时出具包括终止合同理由和具体内容的申请,合同双方经过协商,就提前终止合同达成书面协议,宣布解除双方由合同确定的经济承包关系。

合同解除的理由主要有以下几方面:

(1)施工合同当事双方协商,一致同意解除合同关系。

(2)因为不可抗力或者非合同当事人的原因,造成工程停建或缓建,致使合同无法履行。

(3)由于当事人一方违约致使合同无法履行。违约的主要表现有以下几种:

①发包人不按合同约定支付工程款(进度款),双方又未达成延期付款协议,导致施工无法进行,承包人停止施工超过56天,发包人仍不支付工程款(进度款),承包人有权解除合同。

②承包人发生将其承包的全部过程,或将其肢解以后以分包的名义分别转包给他人;或将工程的主要部分,或群体工程的半数以上的单位工程倒手转包给其他施工单位等转包行为时,发包人有权解除合同。

③合同当事人一方的其他违约行为致使合同无法履行,合同双方可以解除合同。

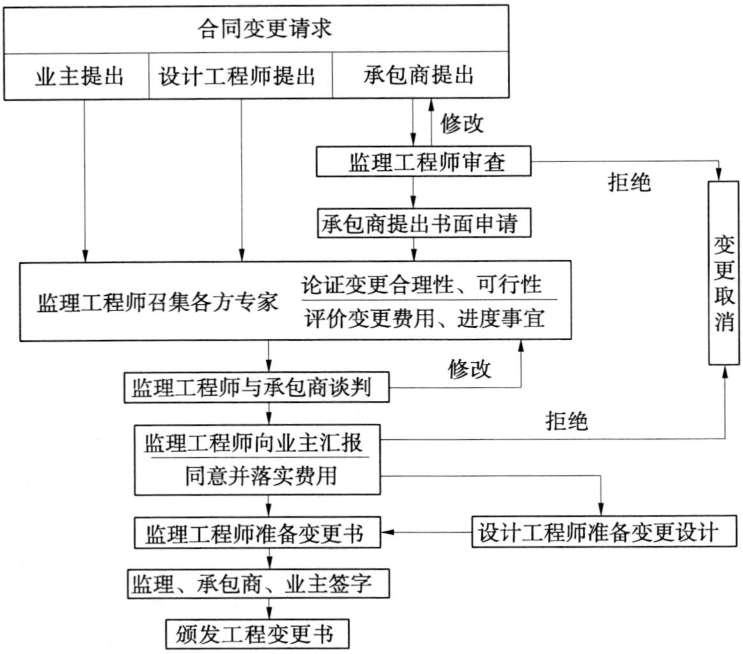

图 3-1 合同变更程序示意图

当合同当事人一方主张解除合同时,应向对方发出解除合同的书面通知,并在发出通知前 7 天告知对方,通知到达对方时合同解除。对解除合同有异议时,按照解决合同争议程序处理。

合同解除后的善后处理:

(1)合同解除后,当事人双方约定的结算和清理条款仍然有效。

(2)承包人应当按照发包人要求妥善做好已完工程和已购材料、设备的保护与移交工作,按照发包人要求将自有机械设备和人员撤出施工现场。发包人应为承包人撤出提供必要条件,支付以上所发生的费用,并按合同约定支付已完工程款。

(3)已订货的材料、设备由订货方负责退货或解除订货合同,不能退还的货款和退货、解除订货合同发生的费用,由发包人承担。

(四)违背合同

违背合同又称违约,是指当事人在执行合同的过程中,没有履行合同所规定的义务的行为。项目经理在违约责任的管理方面,首先要管好己方的履约行为,避免承担违约责任。如果发包人违约,应当督促发包人按照约定履行合同,并与之协商违约责任的承担。特别应当注意收集和整理对方违约的证据,以在必要时以此作为依据、证据来维护自己的合法权益。

1.违约行为和责任

在履行施工合同过程中,主要的违约行为和责任如下。

1)发包人违约

(1)发包人不按合同约定支付各项价款,或工程师不能及时给出必要的指令、确认,致使合同无法履行，发包人承担违约责任，赔偿因其违约给承包人造成的直接损失，延误的工期相应顺延。

(2)未按合同规定的时间和要求提供材料、场地、设备、资金、技术资料等，除竣工日期得以顺延外，还应赔偿承包方因此而发生的实际损失。

(3)工程中途停建、缓建或由于设计变更或设计错误造成的返工，应采取措施弥补或减少损失。同时应赔偿承包方因停工、窝工、返工和倒运、人员、机械设备调迁、材料和构件积压等实际损失。

(4)工程未经竣工验收，发包单位提前使用或擅自动用，由此发生的质量问题或其他问题，由发包方自己负责。

(5)超过承包合同规定的日期验收，按合同的违约责任条款的规定，应偿付逾期违约金。

2)承包人违约

(1)承包工程质量不符合合同规定，负责无偿修理和返工。由于修理和返工造成逾期交付的，应偿付逾期违约金。

(2)承包工程的交工时间不符合合同规定的期限，应按合同中违约责任条款，偿付逾期违约金。

(3)由于承包方的责任，造成发包方提供的材料、设备等丢失或损坏，应承担赔偿责任。

2.违约责任处理原则

(1)承担违约责任应按“严格责任原则”处理，无论合同当事人主观上是否有过错，只要合同当事人有违约事实，特别是有违约行为并造成损失的，就要承担违约责任。

(2)在订立合同时，双方应当在专用条款内约定发(承)包人赔偿承(发)包人损失的计算方法或者发(承)包人应当支付违约金的数额和计算方法。

(3)当事人一方违约后，另一方可按双方约定的担保条款，要求提供担保的第三方承担相应责任。

(4)当事人一方违约后，另一方要求违约方继续履行合同时，违约方承担继续履行合同、采取补救措施或者赔偿损失等责任。

(5)当事人一方违约后，对方应当采取适当措施防止损失的扩大，否则不得就扩大的损失要求赔偿。

(6)当事人一方因不可抗力不能履行合同时，应对不可抗力的影响部分(或者全部)免除责任，但法律另有规定的除外。当事人延迟履行后发生不可抗力的，不能免除责任。

(五)合同争议的解决

合同争议，是指当事人双方对合同订立和履行情况以及不履行合同的后果所产生的纠纷。

1.施工合同争议的解决方式

合同当事人在履行施工合同时，解决所发生争议、纠纷的方式有和解、调解、仲裁和诉讼等。

(1)和解，是指争议的合同当事人，依据有关法律规定或合同约定，以合法、自愿、平等为原则，在互谅互让的基础上，经过谈判和磋商，自愿对争议事项达成协议，从而解决分歧和矛盾的一种方法。和解方式无须第三者介入，简便易行，能及时解决争议，避免当事人经济损失扩大，有利于双方的协作和合同的继续履行。

（2）调解，是指争议的合同当事人，在第三方的主持下，通过其劝说引导，以合法、自愿、平等为原则，在分清是非的基础上，自愿达成协议，以解决合同争议的一种方法。调解有民间调解、仲裁机构调解和法庭调解三种。调解协议书对当事人具有与合同一样的法律约束力。运用调解方式解决争议，双方不伤和气，有利于今后继续履行合同。

（3）仲裁，也称公断，是双方当事人通过协议自愿将争议提交第三者（仲裁机构）做出裁决，并负有履行裁决义务的一种解决争议的方式。仲裁包括国内仲裁和国际仲裁。仲裁须经双方同意并约定具体的仲裁委员会。仲裁可以不公开审理从而保守当事人的商业秘密，节省费用，一般不会影响双方日后的正常交往。

（4）诉讼，是指合同当事人相互间发生争议后，只要不存在有效的仲裁协议，任何一方向有管辖权的法院起诉并在其主持下，为维护自己的合法权益的活动。通过诉讼，当事人的权力可得到法律的严格保护。

（5）除上述四种主要的合同争议解决方式外，在国际工程承包中，又出现了一些新的有效的解决方式，正在被广泛应用。比如 FIDIC《土木工程施工合同条件》（红皮书）中有关“工程师的决定”的规定。当业主和承包商之间发生任何争端，均应首先提交工程师处理。工程师对争端的处理决定，通知双方后，在规定的期限内，双方均未发出仲裁意向通知，则工程师的决定即被视为最后的决定并对双方产生约束力。又比如在 FIDIC《设计—建造与交钥匙工程合同条件》（橘皮书）中规定，业主和承包商之间发生任何争端，应首先以书面形式提交由合同双方共同任命的争端审议委员会（DRB）裁定。争端审议委员会对争端做出决定并通知双方后，在规定的期限内，如果任何一方未将其不满事宜通知对方，则该决定即被视为最终的决定并对双方产生约束力。无论工程师的决定，还是争端审议委员会的决定，都与合同具有同等的约束力。任何一方不执行决定，另一方即可将其不执行决定的行为提交仲裁。这种方式不同于调解，因其决定不是争端双方达成的协议；也不同于仲裁，因工程师和争端审议委员会只能以专家的身份做出决定，不能以仲裁人的身份做出裁决，其决定的效力不同于仲裁裁决的效力。

当承包商与业主（或分包商）在合同履行的过程中发生争议和纠纷，应根据平等协商的原则先行和解，尽量取得一致意见。若双方和解不成，则可要求有关主管部门调解。双方属于同一部门或行业，可由行业或部门的主管单位负责调解；不属于上述情况的，可由工程所在地的建设主管部门负责调解；若调解无效，根据当事人的申请，在受到侵害之日起一年之内，可送交工程所在地工商行政管理部门的经济合同仲裁委员会进行仲裁，超过一年期限者，一般不予受理。仲裁是解决经济合同的一项行政措施，是维护合同法律效力的必要手段。仲裁是依据法律、法令及有关政策，处理合同纠纷，责令责任方赔偿、罚款，直至追究有关单位或人员的行政责任或法律责任。处理合同纠纷也可不经仲裁，而直接向人民法院起诉。

一旦合同争议进入仲裁或诉讼，项目经理应及时向企业领导汇报和请示。因为仲裁和诉讼必须以企业（具有法人资格）的名义进行，由企业做出决策。

2.争议发生后履行合同情况

在一般情况下，发生争议后，双方都应继续履行合同，保持施工连续，保护好已完工程。只有发生下列情况时，当事人方可停止履行施工合同：

(1)单方违约导致合同确已无法履行，双方协议停止施工。

(2)调解要求停止施工，且为双方接受。

(3)仲裁机关要求停止施工。

(4)法院要求停止施工。

(六)合同履行的评价

合同终止后，承包人应对从投标开始直至合同终止的整个过程或达到规定目标的适宜性、充分性、有效性进行合同管理评价，其评价内容如下：

(1)合同订立过程情况评价。

(2)合同条款的评价。

(3)合同履行情况评价。

(4)合同管理工作评价。

任务四 施工索赔

一、施工索赔的概念

索赔是在经济活动中，合同当事人一方因对方违约，或其他过错，或无法防止的外因而受到损失时，要求对方给予赔偿或补偿的活动。

在施工项目合同管理中的施工索赔，一般是指承包商(或分包商)向业主(或总承包商)提出的索赔，而把业主(或总承包商)向承包商(或分包商)提出的索赔称为反索赔，广义上统称索赔。

施工索赔是承包商由于非自身原因，发生合同规定之外的额外工作或损失时，向业主提出费用或时间补偿要求的活动。

二、通常可能发生的索赔事件

在施工过程中，通常可能发生的索赔事件主要有以下几种：

(1)业主没有按合同规定的时间交付设计图纸数量和资料，未按时交付合格的施工现场等，造成工程拖延和损失。

(2)工程地质条件与合同规定、设计文件不一致。

(3)业主或监理工程师变更原合同规定的施工顺序，扰乱了施工计划及施工方案，使工程数量有较大增加。

(4)业主指令提高设计、施工、材料的质量标准。

(5)由于设计错误或业主、工程师错误指令，造成工程修改、返工、窝工等损失。

(6)业主和监理工程师指令增加额外工程，或指令工程加速。

(7)业主未能及时支付工程款。

(8)物价上涨,汇率浮动,造成材料价格、工人工资上涨,承包商蒙受较大损失。

(9)国家政策、法令修改。

(10)不可抗力因素等。

三、施工索赔的分类

施工索赔的主要分类见表 3-3。

表 3-3 施工索赔的分类

分类标准	索赔类别	说明
按索赔的目的分	工期延长索赔	由于非承包商方面原因造成工程延期时,承包商向业主提出的推迟竣工日期的索赔
	费用损失索赔	承包商向业主提出的,要求补偿因索赔事件发生而引起的额外开支和费用损失的索赔
按索赔的原因分	延期索赔	由于业主原因不能按原定计划的时间进行施工所引起的索赔。主要有:发包人未按照约定的时间和要求提供材料设备、场地、资金、技术资料,或设计图纸的错误和遗漏等原因引起停工、窝工
	工程变更索赔	由于对合同中规定施工工作范围的变化而引起的索赔。主要是由于发包人或监理工程师提出的工程变更,由承包人提出但经发包人或监理工程师同意的工程变更;设计变更,或设计错误、遗漏,导致工程变更,工作范围改变
	施工加速索赔(又称赶工索赔、劳动生产率损失索赔)	如果业主要求比合同规定工期提前,或因前段的工程拖期,要求后一阶段弥补已经损失工期,使整个工程按期完工,需加快施工速度而引起的索赔。一般是延期或工程变更索赔的结果。施工加速应考虑加班工资、提供额外监管人员、雇用额外劳动力、采用额外设备、改变施工方法造成现场拥挤、疲劳作业等使劳动生产率降低
	不利现场条件索赔	因合同的图纸和技术规范中所描述的条件与实际情况有实质性不同,或合同中未作描述,但发生的情况是一个有经验的承包商无法预料的时候,所引起的索赔。如复杂的现场水文地质条件或隐藏的不可知的地面条件等
按索赔的合同依据分	合同内索赔	索赔依据可在合同条款中找到明文规定的索赔。这类索赔争议少,监理工程师即可全权处理
	合同外索赔	索赔权利在合同条款内很难找到直接依据,但可来自普通法律,承包商须有丰富的索赔经验方能实现。索赔表现多为违约或违反担保造成的损害。此项索赔由业主决定是否索赔,监理工程师无权决定

续表 3-3

分类标准	索赔类别	说明
按索赔的合同依据分	道义索赔（又称额外支付）	承包商对标价估计不足，虽然圆满完成了合同规定的施工任务，但其间由于克服了巨大困难而蒙受了重大损失，为此向业主寻求优惠性质的额外付款。这是以道义为基础的索赔，既无合同依据，又无法律依据。这类索赔监理工程师无权决定，只是在业主通情达理，出于同情时才会超越合同条款给予承包商一定的经济补偿
按索赔处理方式分	单项索赔	在一项索赔事件发生时或发生后的有效期间内，立即进行的索赔。索赔原因单一、责任单一，处理容易
	总索赔（又称一揽子索赔）	承包商在竣工之前，就施工中未解决的单项索赔，综合起来提出的总索赔。总索赔中的各单项索赔常常是因为较复杂而遗留下来的，加之各单项索赔事件相互影响，使总索赔处理难度大，金额也大

四、施工索赔的程序

（一）意向通知

索赔事件发生时或发生后，承包商应立即通知监理工程师，表明索赔意向，争取支持。

（二）提出索赔申请

索赔事件发生后的有效期内，承包商要向监理工程师提出正式书面索赔申请，并抄送业主。其内容主要是索赔事件发生的时间、实际情况及事件影响程度，同时提出索赔依据的合同条款等。

（三）提交索赔报告

承包商在索赔事件发生后，要立即收集证据，寻找合同依据，进行责任分析，计算索赔金额，最后形成索赔报告，在规定期限内报送监理工程师，抄送业主。

（四）索赔处理

承包商在索赔报告提交之后，还应每隔一段时间主动向对方了解情况并督促其快速处理，同时根据所提出意见随时提供补充资料，为监理工程师处理索赔提供帮助、支持与合作。

监理工程师（业主）接到索赔报告后，应认真阅读和评审，对不合理、证据不足之处提出反驳和质疑，与承包商经常沟通、协商。最后由监理工程师起草索赔处理意见，双方就有关问题协商、谈判。合同内单一索赔，一般协商就可以解决；对于双方争议较大的索赔问题，可由中间人调解解决，或进而通过仲裁、诉讼解决。

施工索赔的程序见图 3-2。

五、索赔报告

索赔报告由承包商编写，应简明扼要、符合实际、责任清晰、证据可靠、计算方法正确、

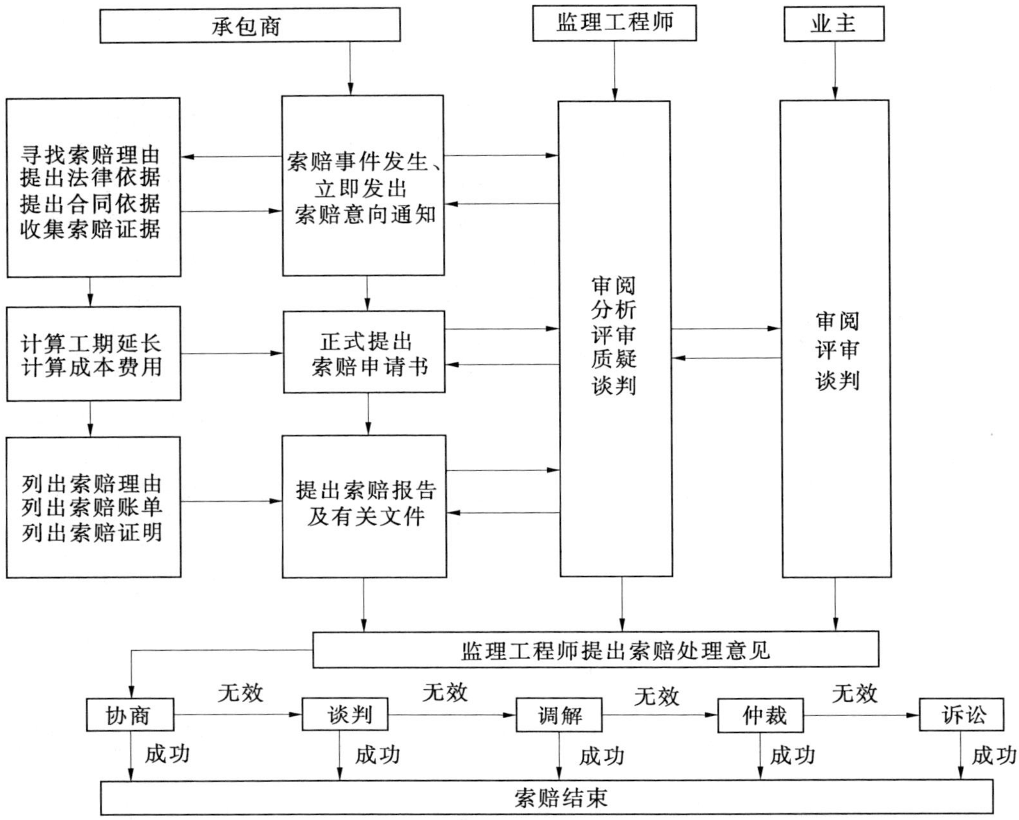

图 3-2　施工索赔程序示意图

结果无误。索赔报告编制得好坏,是索赔成败的关键。

(一)索赔报告的报送时间和方式

索赔报告一定要在索赔事件发生后的有效期(一般为 28 天)内报送,过期索赔无效。

对于新增工程量、附加工作等应一次性提出索赔要求,并在该项工程进行到一定程度,能计算出索赔额时,提交索赔报告;对于已征得监理工程师同意的合同外工作项目的索赔,可以在每月上报完成工程量结算单的同时报送。

(二)索赔报告的基本内容

题目:高度概括索赔的核心内容,如“关于×××事件的索赔”。

事件:陈述事件发生的过程,如工程变更情况,不可抗力发生的过程,以及其间监理工程师的指令,双方往来信函、会谈的经过及纪要,着重指出业主(监理工程师)应承担的责任。

理由:提出作为索赔依据的具体合同条款、法律、法规依据。

结论:指出索赔事件给承包商造成的影响和带来的损失。

计算:列出费用损失或工程延期的计算公式(方法)、数据、表格和计算结果,并依此提出索赔要求。

综合:总索赔应在上述各分项索赔的基础上提出索赔总金额或工程总延期天数的要求。

附录:各种证据材料,即索赔证据。

(三)索赔证据

索赔证据是支持索赔的证明文件和资料。它是附在索赔报告正文之后的附录部分,是索赔文件的重要组成部分。证据不全、不足或者没有证据,索赔是不可能成功的。

索赔的证据主要来源于施工过程中的信息和资料。承包商只有平时经常注意这些信息资料的收集、整理和积累,存档于计算机内,才能在索赔事件发生时,快速地调出真实、准确、全面、有说服力、具有法律效力的索赔证据来。

可以直接或间接作为索赔证据的资料很多,见表 3-4。

表 3-4　索赔的证据

施工记录方面	财务记录方面
(1)施工日志; (2)施工检查员的报告; (3)逐月分项施工纪要; (4)施工工长的日报; (5)每日工时记录; (6)同业主代表的往来信函及文件; (7)施工进度及特殊问题的照片或录像带; (8)会议记录或纪要; (9)施工图纸; (10)业主或其代表的电话记录; (11)投标时的施工进度表; (12)修正后的施工进度表; (13)施工质量检查记录; (14)施工设备使用记录; (15)施工材料使用记录; (16)气象报告; (17)验收报告和技术鉴定报告	(1)施工进度款支付申请单; (2)工人劳动计时卡; (3)工人分布记录; (4)材料、设备、配件等的采购单; (5)工人工资单; (6)付款收据; (7)收款单据; (8)标书中财务部分的章节; (9)工地的施工预算; (10)工地开支报告; (11)会计日报表; (12)会计总账; (13)批准的财务报告; (14)会计往来信函及文件; (15)通用货币汇率变化表; (16)官方的物价指数、工资指数

六、索赔计算

(一)工期索赔及计算

工期索赔的目的是取得业主对于合理延长工期的合法性的确认。施工过程中,许多原因都可能导致工期拖延,但只有在某些情况下才能进行工期索赔,见表 3-5。

在工期索赔中,首先要确定索赔事件发生对施工活动的影响及引起的变化,然后分析施工活动变化对总工期的影响。

常用的计算索赔工期的方法有以下几种:

表 3-5　工期拖延与索赔处理

种类	原因责任者	处理
可原谅不补偿延期	责任不在任何一方 如:不可抗力、恶性自然灾害	工期索赔
可原谅应补偿延期	业主违约 非关键线路上工程延期引起费用损失	费用索赔
	业主违约 导致整个工程延期	工期及费用索赔
不可原谅延期	承包商违约 导致整个工程延期	承包商承担违约罚款并承担违约后业主要求加快施工或终止合同所引起一切经济损失

(1)网络分析法。网络分析法是通过分析索赔事件发生前后网络计划工期的差异计算索赔工期的。这是一种科学合理的计算方法,适用于各类工期索赔。

(2)对比分析法。对比分析法比较简单,适用于索赔事件仅影响单位工程,或分部分项工程的工期,需由此而计算对总工期的影响。计算公式是:

$$总工期索赔=原合同总工期\times\frac{额外或新增工程量价格}{原合同总价}$$

(3)劳动生产率降低计算法。在索赔事件干扰正常施工导致劳动生产率降低,而使工期拖延时,可按下式计算索赔工期:

$$索赔工期=计划工期\times\frac{预期劳动生产率-实际劳动生产率}{预期劳动生产率}$$

(4)简单加总法。在施工过程中,由于恶劣气候、停电、停水及意外风险造成全面停工而导致工期拖延时,可以一一列举各种原因引起的停工天数,累加结果,即可作为索赔天数。

应该注意的是,由多项索赔事件引起的总工期索赔,不可以用各单项工期索赔天数简单相加,最好用网络分析法计算索赔工期。

(二)费用索赔及计算

1.费用索赔及其费用项目构成

费用索赔是施工索赔的主要内容。承包商通过费用索赔要求业主对索赔事件引起的直接损失和间接损失给予合理的经济补偿。

计算索赔额时,一般是先计算与事件有关的直接费,然后计算应摊到的管理费。费用项目构成、计算方法与合同报价中基本相同,但具体的费用构成内容却因索赔事件性质不同而有所不同。表 3-6 中列出了工期延长、业主指令工程加速、工程中断、工程量增加或附加工程等类型索赔事件可能的费用损失项目的构成及其示例。

表3-6　索赔事件的费用项目构成示例表

索赔事件	可能的费用损失项目	示例
工期延长	(1)人工费增加; (2)材料费增加; (3)现场施工机械设备停置费; (4)现场管理费增加; (5)因工期延长和通货膨胀使原工程成本增加; (6)相应保险费、保函费用增加; (7)分包商索赔; (8)总部管理费分摊; (9)推迟支付引起的兑换率损失; (10)银行手续费和利息支出	包括工资上涨,现场停工、窝工,生产效率降低,不合理使用劳动力等的损失; 因工期延长,材料价格上涨; 设备因延期所引起的折旧费、保养费或租赁费等; 包括现场管理人员的工资及其附加支出,生活补贴,现场办公设施支出,交通费用等; 分包商因延期向承包商提出的费用索赔; 因延期造成公司总部管理费增加; 工程延期引起支付延迟
业主指令工程加速	(1)人工费增加; (2)材料费增加; (3)机械使用费增加; (4)因加速增加现场管理人员的费用; (5)总部管理费增加; (6)资金成本增加	因业主指令工程加速造成增加劳动力投入,不经济地使用劳动力,生产率降低的损失等; 不经济地使用材料,材料提前交货的费用补偿,材料运输费增加; 增加机械投入,不经济地使用机械; 费用增加和支出提前引起负现金流量所支付的利息
工程中断	(1)人工费; (2)机械使用费; (3)保函、保险费、银行手续费; (4)贷款利息; (5)总部管理费; (6)其他额外费用	如留守人员工资,人员的遣返和重新招雇费,对工人的赔偿金等; 如设备停置费,额外的进出场费,租赁机械的费用损失等; 如停工、复工所产生的额外费用,工地重新整理费用等
工程量增加或附加工程	(1)工程量增加所引起的索赔额,其构成与合同报价组成相似; (2)附加工程的索赔额,其构成与合同报价组成相似	工程量增加小于合同总额的5%,为合同规定的承包商应承担的风险,不予补偿; 工程量增加超过合同规定的范围(如合同额的15%~20%),承包商可要求调整单价,否则合同单价不变

2.费用索赔额的计算

1)总索赔额的计算方法

(1)总费用法。总费用法是以承包商的额外增加成本为基础,加上管理费、利息及利润作为总索赔值的计算方法。这种方法要求原合同总费用计算准确,承包商报价合理,并且在施工过程中没有任何失误,合同总成本超支均为非承包商原因所致等条件,这一般在实践中是不可能的，因而应用较少。

(2)分项法。分项法是先对每个引起损失的索赔事件和各费用项目单独分析计算，最终求和。这种方法能反映实际情况，清晰合理，虽然计算复杂，但仍被广泛采用。

2)人工费索赔额的计算方法

计算各项索赔费用的方法与工程报价时计算方法基本相同，不再赘述。但其中人工费索赔额计算有两种情况，分述如下：

(1)由增加或损失工时计算。

额外劳务人员雇用、加班人工费索赔额=增加工时×投标时人工单价

闲置人员人工费索赔额=闲置工时×投标时人工单价×折扣系数(一般为0.75)

(2)由劳动生产率降低额外支出人工费的索赔计算。

①实际成本和预算成本比较法。这种方法是用受干扰后的实际成本与合同中的预算成本比较，计算出由于劳动效率降低造成的损失金额。计算时需要详细的施工记录和合理的估价体系，只要两种成本的计算准确，而且成本增加确系业主原因时，索赔成功的把握性很大。

②正常施工期与受影响施工期比较法。这种方法是分别计算出正常施工期内和受干扰时施工期内的平均劳动生产率，求出劳动生产率降低值，而后求出索赔额，其计算公式如下：

$$\text{人工费索赔额}=\frac{\text{计划工时}\times\text{劳动生产率降低值}}{\text{正常情况下平均劳动生产率}}\times\text{相应人工单价}$$

3)费用索赔中管理费的分摊办法

(1)公司管理费索赔计算。

公司管理费索赔一般用恩特勒(Eichleay)法，它得名于Eichleay公司一桩成功的索赔案例。

①日费率分摊法。在延期索赔中采用，计算公式如下：

$$\text{延期合同应分摊的管理费}(A)=\frac{\text{延期合同额}}{\text{同时期公司所有合同额之和}}\times\text{同期公司总计划管理费}$$

$$\text{单位时间(日或周)管理费率}(B)=A/\text{计划合同期(日或周)}$$

$$\text{管理费索赔值}(C)=B\times\text{延期时间(日或周)}$$

②总直接费分摊法。

在工作范围变更索赔中采用，计算公式为：

$$\text{被索赔合同应分摊的管理费}(A_1)=\frac{\text{被索赔合同原计划直接费}}{\text{同期公司所有合同直接费总和}}\times\text{同期公司计划管理费总和}$$

$$\text{每元直接费包含管理费率}(B_1)=A_1/\text{被索合同原计划直接费}$$

$$\text{应索赔的公司管理费}(C_1)=B_1\times\text{工作范围变更索赔的直接费}$$

③分摊基础法。

这种方法是将管理费支出按用途分成若干分项，并规定了相应的分摊基础，分别计算出各分项的管理费索赔额，加总后即为公司管理费总索赔额，其计算结果精确，但比较烦琐，实践中应用较少，仅用于风险高的大型项目。表3-7列举了管理费各构成项目的分摊

基础。

表3-7　管理费的不同分摊基础

管理费分项	分摊基础
管理人员工资及有关费用	直接人工工时
固定资产使用费	总直接费
利息支出	总直接费
机械设备配件及各种供应	机械工作时间
材料的采购	直接材料费

(2)现场管理费索赔计算。

现场管理费又称工地管理费。一般占工程直接成本的8%~15%。其索赔值用下式计算:

现场管理费索赔值=索赔的直接成本费×现场管理费率

现场管理费率的确定可选用下面的方法:

①合同百分比法。按合同中规定的现场管理费率。

②行业平均水平法。选用公开认可的行业标准现场管理费率。

③原始估价法。采用承包时,报价时确定的现场管理费率。

④历史数据法。采用以往相似工程的现场管理费率。

思考题

1.什么情况下,工期可以顺延而承包人不承担责任?

2.简述确定工程变更价款的程序及注意事项。

3.简述发包人、承包人违约情况及应承担的责任。

4.简述索赔的程序。

5.简述合同执行中争议的解决方法。

6.简述合同的分包管理。

7.建设工程施工合同中对工程保险有何规定?

8.工程建设委托监理合同示范文本的由哪几部分构成?

9.工程监理合同管理主要包括哪些方面?

10.监理合同的特点有哪些?

项目四　建设工程信息管理

任务一　建设工程信息管理概述

建设工程监理的主要工作是控制，控制的基础是信息，信息管理是建设监理的一项重要内容。及时掌握准确、完整、有用的信息，可以使监理工程师卓有成效地完成监理任务。监理工程师应重视信息管理工作，掌握信息管理方法。

一、信息

建设工程信息是对参与建设各方主体（如业主、设计单位、施工单位、供货厂商和监理企业等）从事建设工程项目管理（或监理）提供决策支持的一种载体，如项目建议书、可行性研究报告、设计图纸及其说明、各种建设法规及建设标准等。在现代建设工程中，能及时、准确、完善地掌握与建设有关的大量信息，处理和管理好各类建设信息，是建设工程项目管理（或监理）的重要内容。

（一）数据

数据是客观实体属性的反映，是一组表示数量、行为和目标，可以记录下来加以鉴别的符号。

数据首先是客观实体属性的反映，客观实体通过对各个角度的属性的描述，反映其与其他实体的区别。例如，在反映某个建筑工程质量时，通过对设计单位、施工单位资质、人员、施工设备、使用的材料、构配件、施工方法、工程地质、天气、水文等各个角度的数据收集汇总，就可很好地反映该工程的总体质量。各个角度的数据，即是建筑工程这个实体的各种属性的反映。

数据有多种形态，这里所提到的数据是广义的数据概念，包括文字、数值、语言、图表、图形、颜色等多种形态。现在的计算机对此类数据都可以加以处理，例如施工图纸、管理人员发出的指令、施工进度的网络图、管理的直方图、月报表等都是数据。

（二）信息的概念

信息和数据是不可分割的。信息来源于数据，又高于数据。信息是数据的灵魂，数据是信息的载体。对信息有不同的定义，从辩证唯物主义的角度出发，可以给信息如下的定义：一般认为，信息是以数据形式表达的客观事实，它是对数据的解释，反映着事物的客观状态和规律，为使用者提供决策和管理所需要的依据。

使用信息的目的是为决策和管理服务。信息是决策和管理的基础，决策和管理依赖信息；正确的信息才能保证决策的正确，不正确的信息则会造成决策的失误；管理则更离不开信息。传统的管理是定性分析，现代的管理则是定量管理，定量管理离不开系统信息的支持。

（三）信息的时态

信息有三个时态：信息的过去时是知识，现在时是数据，将来时是情报。

（1）知识是前人经验的总结，是人类对自然界规律的认识和掌握，是一种系统化的信息。

（2）信息的现在时是数据。数据是人类生产实践中不断产生信息的载体，要用动态的眼光来看待数据。把握住数据的动态节奏，就掌握了信息的变化。

（3）信息的将来时是情报。情报代表信息的趋势和前沿，情报往往要用特定的手段获取，有特定的使用范围、目的、时间、传递方式，带有特定的机密性。

（四）信息的特点

为了深刻理解信息的含义和充分利用信息资源，必须了解信息的特征。一般来说，信息具有以下特征：

（1）真实性。真实性是建设工程信息的最基本性质。如果信息失真，不仅没有任何可利用的价值，反而还会造成决策失误。

（2）时效性。时效性又称适时性。它反映了建设工程信息具有突出的时间性的特点。某一信息对某一建设目标是适用的，但随着建设进程，该信息的价值将逐步降低或完全丧失。可见，信息的时效性是反映信息现实性的关键，对决策的有效性产生重大的影响。

（3）系统性。信息本身需要全面地掌握各方面的数据后才能得到。在工程实际中，不能片面地处理数据，片面地产生和使用信息。信息也是系统中的组成部分之一，必须用系统的观点来对待各种信息。

（4）不完全性。由于使用数据的人对客观事物认识的局限性，因此使得信息具有不完全性。

（5）层次性。信息对使用者是有不同的对象的，不同的管理需要不同的信息，为此必须针对不同的信息需求，分类提供相应的信息。可以将信息分为决策级、管理级、作业级三个层次。

二、建设工程项目管理中的信息

（一）建设工程项目信息的特点

建设工程项目信息是在整个工程建设项目管理过程中发生的，反映着工程建设的状态和规律的信息。它涉及多部门、多环节、多专业、多渠道，具有一般信息的特征，同时也有其本身的特点。

（1）来源广、信息量大。在建设监理制度下，工程建设是以监理工程师为中心的，项目监理组织自然成为信息生成、流入和流出的中心。监理信息来自两个方面：一是项目监理组织内部进行项目控制和管理而产生的信息；二是在实施监理过程中，从项目监理组织外流入的信息。由于工程建设的长期性和复杂性，以及涉及的单位众多，使得从这两方面来的信息来源广、信息量大。

（2）动态性强。工程建设的过程是一个动态过程，监理工程师实施的控制也是动态控制。大量的监理信息都是动态的，需要及时地收集和处理。

（二）建设工程项目信息的分类

为了有效地管理和应用建设工程项目信息，须将其进行分类。按照不同的分类标准，可将建设工程项目信息进行如下分类。

1. 按照建设工程的控制目标划分

建设工程监理的目的是对工程进行有效的控制，按控制目标对信息进行分类是一种重要的分类方法。按这种分类方法，可将监理信息划分如下。

（1）投资控制信息，指与投资控制直接有关的信息，如各种投资估算指标、类似工程造价（物价）指数、概预算定额、建设项目投资估算、设计概预算、合同价、工程进度款支付单、竣工结算与决算、原材料价格、机械台班费、人工费、运杂费、投资控制的风险分析等。

（2）质量控制信息，指与质量控制直接有关的信息，如国家有关的质量政策，质量标准，项目建设标准，质量目标的分解结果，质量控制工作流程，质量控制工作制度，质量控制的风险分析，工程实体、材料、设备质量检验信息，质量抽样检查结果等。

（3）进度控制信息，指与进度控制直接有关的信息，如工期定额、项目总进度计划、进度目标分解结果、进度控制工作流程、进度控制工作制度、进度控制的风险分析、实际进度与计划进度的对比信息、进度统计分析等。

（4）合同管理信息，指与建设工程相关的各种合同信息，如施工合同文件、合同的修改和变更、合同风险分析、合同索赔、合同条款分析等。

2. 按照建设工程项目信息的来源划分

（1）项目内部信息，来自建设项目本身，如工程概况、可行性研究报告、设计文件、施工组织设计、施工方案、合同文件、信息资料的编码系统、会议制度、监理组织机构、监理工作制度、监理委托合同、监理规划、项目的投资目标、项目的质量目标、项目的进度目标等。

（2）项目外部信息，来自建设项目外部环境的信息称为外部信息，如国家有关的政策及法规、国内及国际市场上原材料及设备价格、物价指数、类似工程的造价、类似工程进度、投标单位的实力、投标单位的信誉、毗邻单位的有关情况等。

3. 按照信息的稳定程度划分

（1）固定信息，指那些具有相对稳定性的信息，或者在一段时间内可以在各项监理工作中重复使用而不发生质的变化的信息，它是建设工程监理工作的重要依据。这类信息包括以下几种：

①定额标准信息，指各类定额和标准，如概预算定额、施工定额、原材料消耗定额、投资估算指标、生产作业计划标准、监理工作制度等。

②计划合同信息，指计划指标体系、合同文件等。

③查询信息，指国家标准、行业标准、部门标准、设计规范、施工规范、监理工程师的人事卡片等。

（2）流动信息，指作业统计信息，是反映工程项目建设实际状态的信息。它随着工程项目的进展而不断更新。这类信息的时间性较强，如项目实施阶段的质量、投资及进度统计信息、项目实施阶段的原材料消耗量、机械台班数、人工工日数等信息。及时收集这类信息，并与计划信息进行对比分析是实施项目目标控制的重要依据。在建设工程监理过程中，这类信息的主要表现形式是统计报表。

4. 按照信息的层次划分

(1)战略性信息,指该项目建设过程中的战略决策所需的信息、投资总额、建设总工期、承包商的选定、合同价的确定等信息。

(2)管理型信息,指项目年度进度计划、财务计划等。

(3)业务性信息,指各业务部门的日常信息,较具体。

5. 按照信息的性质划分

可将建设项目信息按项目管理功能划分为组织类信息、管理类信息、经济类信息和技术类信息四大类。

6. 按其他标准划分

(1)按照信息范围的不同,可以把建设工程项目信息分为精细的信息和摘要的信息两类。

(2)按照信息时间的不同,可以把建设工程项目信息分为历史性信息、即时信息和测量性信息三大类。

(3)按照监理阶段的不同,可以把建设工程项目信息分为计划的、作业的、核算的、报告的信息。

(4)按照对信息的期待性不同,可以把建设工程项目信息分为预知的信息和突发的信息两类。

以上是常见的几种分类形式。按照一定的标准将建设工程项目信息予以分类,对建设工程监理工作有着重要意义。不同的监理范围需要不同的信息,而把监理信息予以分类,有助于根据监理工作的不同要求,提供适当的信息。

三、建设工程项目信息管理

建设工程信息管理是指在建设工程的各个阶段,对所产生的面向建设工程管理业务的信息进行收集、传输、加工、储存、维护和使用等的信息规划及组织管理活动的总称。信息管理的目的是通过有效的建设工程信息规划及其组织管理活动,使参与建设各方能及时、准确地获得有关的建设工程信息,以便为建设项目全过程或各个建设阶段提供建设项目决策所需要的可靠信息。

(一)信息管理的原则

为了提高信息的真实度和决策的可靠度,信息管理要有以下原则:

(1)及时、准确和全面地提供信息,以支持决策的科学性;应规格化、规范化地对信息编码,以简化信息的表达。

(2)用定量的方法分析数据、定性的方法归纳知识,以实施控制和优化方案。

(3)适应不同管理层的不同要求。高层领导进行战略性决策,需要战略级信息;中层管理者是在已定战略下的策略性决策,需要策略级信息;基层管理人员是处理执行中的问题,需要执行级信息。自上向下而言,信息应逐级细化;自下向上而言,信息应逐级浓缩。

(4)尽可能高效、低耗地处理信息,以提高信息的利用率和效益。

(二)信息管理的环节

信息管理的重要环节是收集、处理、存储、传递和使用。

(1)信息收集,应明确信息的收集部门和收集人,信息的收集规格、时间和方式等,信息收集的最重要的标准是及时、准确和全面。

(2)信息处理,是对原始信息去粗取精、去伪存真的加工过程,其目的是使信息更真实、更有用。

(3)信息存储,要求做到存储量大,便于查阅,为此应建立储存量大的数据库和知识库。

(4)信息传递,要保证信息畅通无阻和快速准确地传递,应建立具有一定流量的信息通道,明确规定合理的信息流程,以及尽量减少传递的层次。

(5)信息使用,工程建设信息管理的最终目的是更好地使用信息,为监理决策服务。

四、监理信息系统

信息系统是由人和计算机等组成,以系统思想为依据,以计算机为手段,进行数据收集、传递、处理、存储、分发,加工产生信息,为决策和管理提供依据的系统。

监理信息系统是建设工程信息系统的一个组成部分,建设工程信息系统由建设方、勘察设计方、建设行政管理方、建设材料供应方、施工方和监理方各自的信息系统组成。监理信息系统只是监理方的信息系统,是主要为监理工作服务的信息系统。监理信息系统是建设工程信息系统的一个子系统,也是监理单位整个管理系统的一个子系统。作为前者,它必须从建设信息系统中得到政府、建设单位、施工单位、设计单位等各方提供的必需的数据和信息,也必须送出相关单位需要的相关的数据和信息;作为后者,它从监理单位得到必要的指令、帮助和所需要的数据与信息,向监理单位汇报建设工程项目的信息。

任务二　建设工程信息管理的实施

建设工程信息管理是在明确监理信息流程、建立监理信息编码系统的基础上,围绕监理信息的收集、加工整理、存储、传递和使用而开展的。

一、建设工程信息管理流程

信息流程反映了监理工作中各参与部门、单位之间的关系。为了使监理工作顺利进行, 必须使监理信息在上下级之间、内部组织与外部环境之间流动,称为“信息流”。

(一)建设工程信息流程的组成

建设工程信息流由建设各方各自的信息流组成,监理单位的信息系统作为建设工程系统的一个子系统,监理的信息流仅仅是其中的一部分信息流。建设工程信息流程如图 4-1 所示。

(二)监理单位及项目部信息流程的组成

监理单位内部也有一个信息流程,监理单位的信息系统更偏重于公司内部管理和对项目监理部的宏观管理。对于项目监理部,总监理工程师要组织必要的信息流程,加强项目数据和信息的微观管理,相应的流程如图 4-2 和图 4-3 所示。

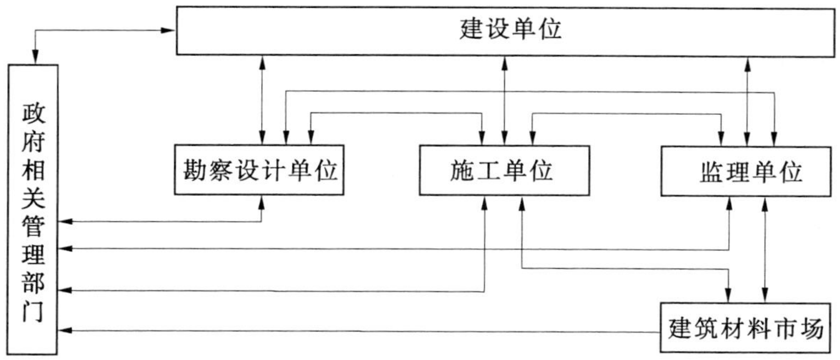

图 4-1 建设工程信息流程

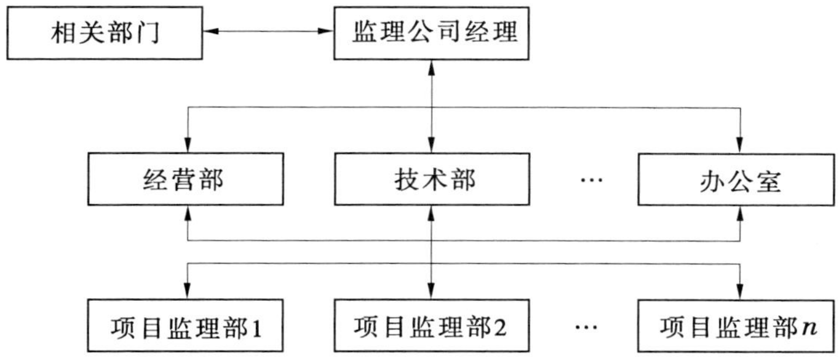

图 4-2 监理单位信息流程

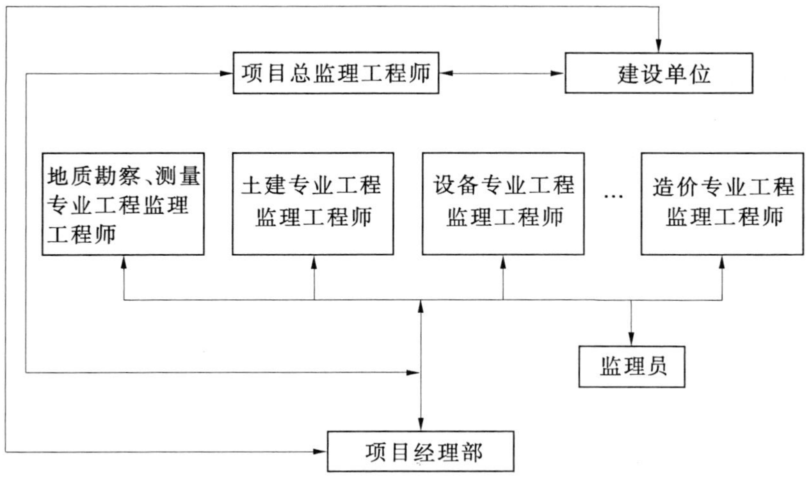

图 4-3 项目监理部信息流程

二、监理信息的收集

工程项目建设的每一个阶段都要产生大量的信息。但是要得到有价值的信息，只靠自发产生的信息是远远不够的，还必须根据需要进行有目的、有组织、有计划的收集，才能提高信息质量,充分发挥信息的作用。

信息收集是运用信息的前提。各种信息一经产生,就必然会受到传输条件、人们的思想意识及各种利益关系的影响,显然信息有真假、虚实、有用无用之分。监理工程师要取得有用的信息,必须通过各种渠道,采取各种方法收集信息,然后经过加工、筛选,从中选择出对决策有用的信息。没有足够的信息作为依据,决策就会产生失误。

建立一套完善的信息采集制度,收集建设工程监理的各阶段、各类信息是监理工作所必需的。下面根据工程建设各阶段监理工作的内容讨论监理信息的收集。

(一)项目决策阶段的信息收集

在项目决策阶段,信息收集从以下几方面进行:

(1)项目相关市场方面的信息,如产品预计进入市场后的市场占有率、社会需求量、预计产品价格变化趋势、影响市场渗透的因素、产品的生命周期等。

(2)项目资源相关方面的信息,如资金筹措渠道、方式,原辅料,矿藏来源,劳动力,水、电、气供应等。

(3)自然环境相关方面的信息,如城市交通、运输、气象、地质、水文、地形地貌、废料处理可能性等。

(4)新技术、新设备、新工艺、新材料,专业配套能力方面的信息。

(5)政治环境,社会治安状况,当地法律、政策、教育方面的信息。

(二)设计阶段的信息收集

监理单位在设计阶段的信息收集要从以下几方面进行:

(1)可行性研究报告,前期相关设计阶段的信息收集资料、存在的疑点和建设单位的意图,建设单位前期准备和项目审批完成的情况。

(2)同类工程相关信息,如建筑规模,结构形式,造价构成,工艺、设备的选型,地质处理方式及实际效果,建设工期,采用新材料、新工艺、新设备、新技术的实际效果及存在问题,技术经济指标等。

(3)拟建工程所在地相关信息,如地质、水文情况,地形地貌、地下埋设和人防设施情况,城市拆迁政策和拆迁户数,青苗补偿,周围环境(水电气、道路等的接入点,周围建筑、交通、学校、医院、商业、绿化、消防、排污)等。

(4)勘察、测量、设计单位相关信息,如同类工程完成情况,实际效果,完成该工程的能力,人员构成,设备投入,质量管理体系完善情况,创新能力,收费情况,施工期技术服务主动性和处理发生问题的能力,设计深度和技术文件质量,专业配套能力,设计概算和施工图预算编制能力,合同履约情况,采用设计新技术、新设备能力等。

(5)工程所在地政府相关信息,如国家和地方政策、法律、法规、规范规程、环保政策、政府服务情况和限制等。

(6)设计中的设计进度计划,设计质量保证体系,设计合同执行情况,偏差产生的原因,纠偏措施,专业间设计交接情况,执行规范、规程、技术标准,特别是强制性规范执行的情况,设计概算和施工图预算结果,了解超限额的原因,了解各设计工序对投资的控制等。

(三)施工招标投标阶段的信息收集

施工招标投标阶段信息收集从以下几方面进行:

(1)工程地质、水文地质勘查报告,施工图设计及施工图预算、设计概算,设计、地质勘察、测绘的审批报告等方面的信息,特别是该建设工程有别于其他同类工程的技术要求、材料、设备、工艺、质量等有关信息。

(2)建设单位建设前期报审文件,如立项文件,建设用地、征地、拆迁文件。

(3)工程造价的市场变化规律及所在地区的材料、构件,设备、劳动力差异。

(4)当地施工单位管理水平,质量保证体系、施工质量、设备、机具能力。

(5)本工程适用的规范、规程、标准,特别是强制性规范。

(6)所在地关于招标投标的有关法规、规定,国际招标、国际贷款指定适用的范本,本工程适用的建筑施工合同范本及特殊条款精髓所在。

(7)所在地招标投标代理机构能力、特点,所在地招标投标管理机构及管理程序。

(8)该建设工程采用的新技术、新设备、新材料、新工艺,投标单位对"四新"的处理能力和了解程度、经验、措施。

(四)施工阶段的信息收集

施工阶段的信息收集,可从施工准备期、施工实施期、竣工保修期三个子阶段分别进行。

1. 施工准备期

施工准备期指从建设工程合同签订到项目开工的阶段,在施工招标投标阶段监理未介入时,本阶段是施工阶段监理信息收集的关键阶段,监理工程师应该从以下几点收集信息:

(1)监理大纲,施工图设计及施工图预算,特别要掌握结构特点,掌握工程难点、要点、特点,掌握工业工程的工艺流程特点、设备特点,了解工程预算体系(按单位工程、分部工程、分项工程分解),了解施工合同。

(2)施工单位项目经理部组成,进场人员资质;进场设备的规格型号、保修记录;施工场地的准备情况;施工单位质量保证体系及施工单位的施工组织设计,特殊工程的技术方案,施工进度网络计划图表;进场材料、构件管理制度;安全保护措施;数据和信息管理制度;检测和检验、试验程序及设备;承包单位和分包单位的资质等施工单位信息。

(3)建设工程场地的地质、水文、测量、气象数据;地上、地下管线,地下洞室,地上原有建筑物及周围建筑物、树木、道路;建筑红线,标高、坐标;水、电、气管道的引入标志;地质勘查报告、地形测量图及标桩等环境信息。

(4)施工图的会审和交底记录,开工前的监理交底记录,对施工单位提交的施工组织设计按照项目监理部要求进行修改的情况,施工单位提交的开工报告及实际准备情况。

(5)本工程需遵循的相关建筑法律、法规和规范、规程,有关质量检验、控制的技术法规和质量验收标准。

2. 施工实施期

施工实施期信息来源相对比较稳定,主要是施工过程中随时产生的数据,由施工单位层层收集上来,容易实现信息规范化。

施工实施期收集的信息应该分类,并由专门的部门或专人分级管理,项目监理部可从以下几方面收集信息:

(1)施工单位人员、设备、水、电、气等能源的动态信息。

(2)施工期气象的中长期趋势及同期历史数据,每天不同时段的动态信息,特别在气候对施工质量影响较大的情况下,更要加强收集气象数据。

(3)建筑原材料、半成品、成品、构配件等工程物资的进场、加工、保管、使用等信息。

(4)项目经理部管理程序;质量、进度、投资的事前、事中、事后控制措施;数据采集来源及采集、处理、存储、传递方式;工序间交接制度;事故处理制度;施工组织设计及技术方案执行的情况;工地文明施工及安全措施等。

(5)施工中需要执行的国家和地方规范、规程、标准,施工合同执行情况。

(6)施工中发生的工程数据,如地基验槽及处理记录、工序间交接记录、隐蔽工程检查记录等。

(7)建筑材料试验项目有关信息,如水泥、砖、砂石、钢筋、外加剂、混凝土、防水材料、回填土、装饰面板、玻璃幕墙等。

(8)设备安装的试运行和测试项目有关信息,如电气接地电阻、绝缘电阻测试,管道通水通气、通风试验、电梯施工试验、消防报警、自动喷淋系统联动试验等。

(9)施工索赔相关信息,如索赔程序、索赔依据、索赔证据、索赔处理意见等。

3. 竣工保修期

该阶段要收集的信息包括以下内容:

(1)工程准备阶段文件,如立项文件,建设用地、征地、拆迁文件,开工审批文件等。

(2)监理文件,如监理规划、监理实施细则、有关质量问题和质量事故的相关记录、监理工作总结以及监理过程中各种控制和审批文件等。

(3)施工资料,分为建筑安装工程和市政基础设施工程两大类分别收集。

(4)竣工图,分为建筑安装工程和市政基础设施工程两大类分别收集。

(5)竣工验收资料,如工程竣工总结、竣工验收备案表、电子档案等。

在竣工保修期,监理单位按照《建设工程文件归档规范》(GB/T 50328—2014)收集监理文件并协助建设单位督促施工单位完善全部资料的收集、汇总和归类整理。

三、监理信息的加工整理

所谓监理信息的加工整理,是对收集来的大量原始信息进行筛选、分类、排序、压缩、分析、比较、计算等的过程。监理工程师为了有效地控制工程建设的投资、进度和质量目标,提高工程建设的投资效益,应在全面、系统收集监理信息的基础上,加工整理收集来的信息资料。

信息的加工整理的作用很大。首先,通过加工将信息分类,使之标准化、系统化。收集到的原始信息只有经过加工,使之成为标准的、系统的信息资料,才能进入使用、存储,以及提供检索和传递。其次,经过收集的资料,真实程度、准确程度都比较低,甚至还混有一些错误,经过对它们进行分析、比较、鉴别,乃至计算、校正,使获得的信息准确、真实。再次,原始状态的信息一般不便于使用和存储、检索、传递,经加工后,可以使信息浓缩,以便于进行以上操作。另外,信息在加工过程中,通过对信息的综合、分解、整理、增补,可以得到更多有价值的新信息。

总之，本着标准化、系统化、准确性、时间性和适用性等原则，通过对信息资料的加工整理，一方面可以掌握工程建设实施过程中各方面的进展情况，另一方面可直接或借助于数学模型来预测工程建设未来的进展状况，从而为监理工程师做出正确的决策提供可靠的依据。

在建设项目的施工过程中，监理工程师加工整理的监理信息主要有以下几个方面：

(1)现场监理日报表，是现场监理人员根据每天的现场记录加工整理而成的报告，主要包括：当天的施工内容；当天参加施工的人员(工种、数量、施工单位等)；当天施工用的机械的名称和数量等；当天发现的施工质量问题；当天的施工进度和计划进度的比较，若发生极度拖延，应说明原因；当天天气综合评语；其他说明及应注意的事项等。

(2)现场监理工程师周报，是现场监理工程师根据监理日报加工整理而成的报告，每周向项目总监理工程师汇报一周内发生的所有重大事项。

(3)监理工程师月报，是集中反映工程实况和监理工作的重要文件。一般由项目总监理工程师组织编写，每月一次上报业主。大型项目的监理月报往往由各合同段或子项目的总监理工程师代表组织编写，上报总监理工程师审阅后报业主，监理月报一般包括以下内容。

①工程进度。描述工程进度情况、工程形象进度和累计完成的比例。若拖延了计划，应分析其原因，以及这种原因是否已经消除，就此问题承包商、监理人员所采取的补救措施等。

②工程质量。用具体的测试数据评价工程质量，如实反映工程质量的好坏，并分析原因。承包商和监理人员对质量较差工作的改进意见，如有责令承包商返工的项目，应说明其规模、原因及返工后的质量情况。

③计量支付。给出本期支付、累计支付，以及必要的分项工程的支付情况，形象地表达支付比例，实际支付与工程进度对照情况等；承包商是否因流动资金短缺而影响了工程进度，并分析造成资金短缺的原因(如是否未及时办理支付等)；有无延迟支付、价格调整等问题，说明其原因及由此而增加的费用。

④质量事故。发生的时间、地点、原因、损失估计(经济损失、时间损失、人员上网情况)等，事故发生后采取了哪些补救措施，在今后工程中避免类似事故发生的有效措施。由于事故的发生，影响了单项或整体工程进度的情况。

⑤工程变更。说明引起变更设计的原因、批准机关、变更项目的规模、工程量增减数量、投资增减的估计等；变更是否影响了工程进展，承包商是否就此已提出或准备提出索赔(工期、费用)。

⑥民事纠纷。说明民事纠纷产生的原因，哪些项目因此被迫停工，停工的时间，造成窝工的机器、人力情况等，承包商是否就此已提出或准备提出延期或索赔。

⑦合同纠纷。说明合同纠纷情况及产生的原因，监理人员进行调解的措施，监理人员在解决纠纷中的体会，业主和承包商有无要求进一步处理的意向。

⑧监理工作动态。描述本月的主要监理活动，如工地会议、现场重大监理活动、索赔的处理、上级布置的有关工作的进展情况、监理工作中的困难等。

任务三　水利工程监理信息管理

一、监理机构建立的监理信息管理体系

(1)配置信息管理人员并制定相应岗位职责。

(2)制定包括文档资料收集、分类、保管、保密、查阅、复制、整编、移交、验收和归档等的制度。

(3)制定包括文件资料签收、送阅程序,制定文件起草、打印、校核、签发等管理程序。

(4)文件、报表格式应符合下列规定:

①常用报告、报表格式宜采用《水利工程施工监理规范》(SL 288—2014)附录E所列的施工监理工作常用表格和国务院水行政主管部门印发的其他标准格式。

②文件格式应遵守国家及有关部门发布的公文管理格式，如文号、签发、标题、关键词、主送与抄送、密级、日期、纸型、版式、字体、份数等。

(5)建立信息目录分类清单、信息编码体系,制订监理信息资料内部分类归档方案。

(6)建立计算机辅助信息管理系统。

二、监理文件要求

(1)应按规定程序起草、打印、校核、签发。

(2)应表述明确、数字准确、简明扼要、用语规范、引用依据恰当。

(3)应按规定格式编写,紧急文件宜注明“急件”字样,有保密要求的文件应注明密级。

三、通知与联络

(1)监理机构发出的书面文件,应由总监理工程师或其授权的监理工程师签名、加盖本人执业印章,并加盖监理机构章。

(2)监理机构与发包人和承包人以及与其他人的联络应以书面文件为准。在紧急情况下,监理工程师或监理员现场签发的工程现场书面通知可不加盖监理机构章,作为临时书面指示,承包人应遵照执行,但事后监理机构应及时以书面文件确认;若监理机构未及时发出书面文件确认,承包人应在收到上述临时书面指示后24小时内向监理机构发出书面确认函,监理机构应予以答复。监理机构在收到承包人的书面确认函后24小时内未予以答复的,该临时书面指示视为监理机构的正式指示。

(3)监理机构应及时填写发文记录,根据文件类别和规定的发送程序,送达对方指定联系人,并由收件方指定联系人签收。

(4)监理机构对所有来往书面文件均应按施工合同约定的期限及时发出和答复,不得扣压或拖延,也不得拒收。

(5)监理机构收到发包人和承包人的书面文件,均应按规定程序办理签收、送阅、收回和归档等手续。

(6)在监理合同约定期限内,发包人应就监理机构书面提交并要求其做出决定的事

宜予以书面答复;超过期限,监理机构未收到发包人的书面答复,则视为发包人同意。

(7)对于承包人提出要求确认的事宜,监理机构应在合同约定时间内做出书面答复,逾期未答复,则视为监理机构已经确认。

四、书面文件的传递

(1)除施工合同另有约定外,书面文件应按下列程序传递:

①承包人向发包人报送的书面文件均应报送监理机构,经监理机构审核后转报发包人。

②发包人关于工程施工中与承包人有关事宜的决定,均应通过监理机构通知承包人。

(2)所有来往的书面文件,除纸质文件外,还宜同时发送电子文档。当电子文档与纸质文件内容不一致时,应以纸质文件为准。

(3)不符合书面文件报送程序规定的文件,均视为无效文件。

五、监理日志、报告与会议纪要

(1)现场监理人员应及时、准确地完成监理日志。由监理机构指定专人按照规定格式与内容填写监理日志并及时归档。

(2)监理机构应在每月的固定时间,向发包人、监理单位报送监理月报。

(3)监理机构可根据工程进展情况和现场施工情况,向发包人报送监理专题报告。

(4)监理机构应按照有关规定,在工程验收前,提交工程建设监理工作报告,并提供监理备查资料。

(5)监理机构应安排专人负责各类监理会议的记录和纪要编写。会议纪要应经与会各方签字确认后实施,也可由监理机构依据会议决定另行发文实施。

六、档案资料管理

(1)监理机构应要求承包人安排专人负责工程档案资料的管理工作,监督承包人按照有关规定和施工合同约定进行档案资料的预立卷和归档。

(2)监理机构应对承包人提交的归档材料进行审核,并向发包人提交对工程档案内容与整编质量情况审核的专题报告。

(3)监理机构应按有关规定及监理合同约定,安排专人负责监理档案资料的管理工作。凡要求立卷归档的资料,应按照规定及时预立卷和归档,并妥善保管。

(4)在监理服务期满后,监理机构应对要求归档的监理档案资料逐项清点、整编、登记造册,移交发包人。

思考题

1. 建设工程项目信息管理的概念是什么?
2. 信息管理的原则和环节有哪些?
3. 建设工程监理应收集哪些信息?
4. 建设项目信息有哪些类型?
5. 建设项目信息有什么作用?

项目五　建设工程项目的组织协调

组织是建设管理中的一项重要职能，建立精干、高效的项目监理机构并使之正常运行，是实现建设工程监理目标的前提条件。

协调又称协调管理，它是指通过协商、沟通、调度，联合所有力量，使各项活动衔接有序地正常展开，以实现预定目标。

在项目建设的不同阶段、不同部位和参加项目建设的不同单位、不同层次之间，存在着大量的界面和结合部，协调的作用就是沟通和理顺这些结合部的关系，化解各种矛盾，排除各种时空上的干扰，组织好各种工艺、工序之间的衔接，使工程总体建设活动能有机地交叉进行，实现质量高、投资省、工期短的建设目标。

任务一　工程组织管理模式与监理模式

建设工程项目落实的基本形式是承发包。建设工程项目的承发包与建设监理制度的实施，使工程建设形成了以业主、承建商和监理企业为三大主体的建设工程组织管理系统。三大主体在工程结构体系中是平等的关系，为实现工程项目的总目标而相互联结、相互联合、相互结合在一起，形成工程项目建设的组织系统。而这种关系是以承包合同及委托监理合同来确立和维系的。

建设工程项目组织的结构形式在很大程度上受工程项目承发包模式的影响。建设工程项目主要有平行承发包、设计或施工总分包、工程项目总承包、工程项目总承包管理等模式。

为了有效地开展监理工作，保证建设工程项目总目标的顺利实现，一般应该根据不同的承发包模式来确定不同的监理委托模式。不同的委托模式又有不同的合同体系和管理特点。

一、平行承发包模式及其监理模式

（一）平行承发包模式

1. 平行承发包模式的概念

建设项目的平行承发包模式是业主将建设工程项目的设计、施工以及材料和设备采购的任务按一定的方式进行分解，分别发包给若干个设计单位、施工单位和材料设备供应厂商，并分别与各方签订合同。各设计单位之间的关系是平行的，各施工单位之间的关系也是平行的，各材料设备供应商之间的关系也是平行的。平行承发包模式如图 5-1 所示。常用的平行承发包模式首先应将建设工程项目进行合理的分解，然后进行分类综合，确定每个合同的发包内容，以便择优选择承建商。在进行任务分解与确定合同数量、内容时，应考虑以下因素：

（1）建设工程项目情况。建设工程项目的性质、规模、结构等是决定合同数量和内容的重要因素。建设规模大、范围广、专业多的项目往往比规模小、范围窄、专业单一的项目

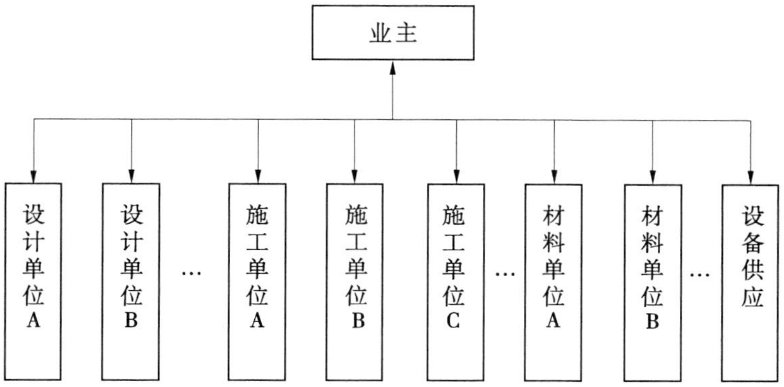

图5-1　平行承发包模式

合同数量多。建设项目实施时间的长短、计划安排得是否妥当也对合同的数量有一定影响。例如,对分期建设的两个单项工程,一般可以考虑分成两个合同分别进行发包。

(2)市场结构状况。由于各类承建商的专业性质、规模大小在不同市场的分布状况不同,因此建设项目的分解发包应力求与其市场结构相适应,合同任务和内容也要对市场有吸引力。中小合同对中小承建商有吸引力,但又不妨碍大承建商参与竞争。此外,还应按市场惯例、市场范围和有关规定来决定合同的内容和大小。

(3)贷款协议要求。对两个以上贷款人的情况,在拟定合同结构时应考虑不同贷款人可能对贷款使用范围有不同的要求、对承包人的贷款资格有不同的要求等。

2.平行承发包模式的优缺点

1)优点

(1)有利于缩短工期目标。由于设计和施工任务经过分解分别发包,设计与施工阶段有可能形成一定的搭接关系,从而缩短整个建设工程的工期。

(2)有利于工程质量控制。整个工程经过分解分别发包给各承建商,合同约束与相互制约使每一部分都能够较好地实现质量要求。如主体工程与设备安装分别由两个施工单位承包,若主体工程不合格,设备安装单位不会同意在不合格的主体上进行设备的安装,这相当于质量有了他人控制,比自控具有更强的约束力。

(3)有利于择优选择承建商。随着市场经济的发展,建筑市场上专业性强、规模小的承建商已占有较大的比例。这种承发包模式的合同内容比较单一,合同价值与工程风险均比较小,从而使它们有可能参与竞争。这样,不论大承建商还是中小承建商,都有同等的竞争机会,而业主的可选择范围是很大的,为提高择优性创造了条件。

(4)有利于繁荣建设市场。这种平行承发包模式给各类承建商提供了承包机会和生存机会,促进了市场经济的发展和繁荣。

2)缺点

(1)合同数量多,会造成合同管理较为困难。平行承发包模式合同乙方多,合同关系复杂,使建设工程项目系统内结合部位数量增加,组织协调工作量增加、难度加大。因此,重点应加强合同管理的力度及部门之间的横向协调工作,协调各种关系,使工程建设有条不紊地进行。

(2)投资控制难度大。这主要表现在以下几方面:一是总合同价格短期内难以确定,影响项目投资控制实施;二是工程招标任务量大,需控制多项合同价格,增加了投资控制的工作量及难度;三是在施工过程中设计变更和修改较多,导致投资增加。

(二)平行承发包模式相应的监理模式

与建设工程平行承发包模式相适应的监理模式有以下两种主要类型:

(1)业主委托一家监理企业为其提供监理服务,如图 5-2 所示。这种监理模式要求监理企业具有较强的合同管理和组织协调能力,并能做好全面的规划工作。

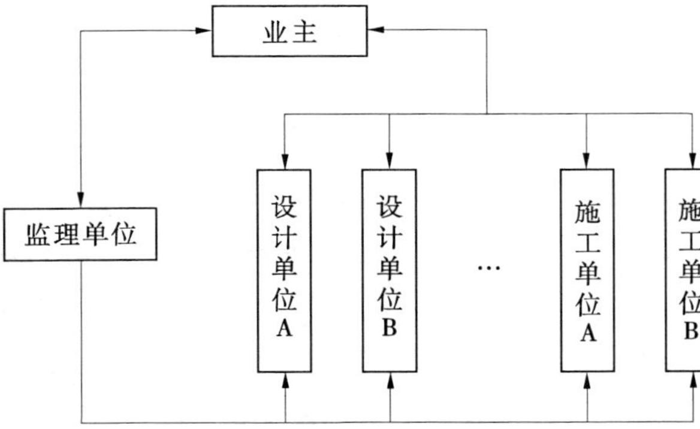

图 5-2　业主委托一家监理企业监理模式

监理企业的项目监理组织可以组建多个监理分支机构对各承建商分别实施监理。在具体的监理过程中,项目总监理工程师应重点做好总体协调工作,加强横向联系,保证建设工程监理工作的有效运行。

(2)业主委托多家监理企业监理,如图 5-3 所示。这种监理模式是指业主分别委托几家监理企业针对不同的承建单位实施监理。由于业主分别与多个监理企业签订委托监理合同,所以各监理企业之间的相互协作与配合需要业主进行协调。采用这种模式,监理企业的监理对象相对单一,便于管理。但整个工程的建设监理工作被肢解,各监理企业各负其责,缺少一个对建设工程进行总体规划与协调控制的监理单位。

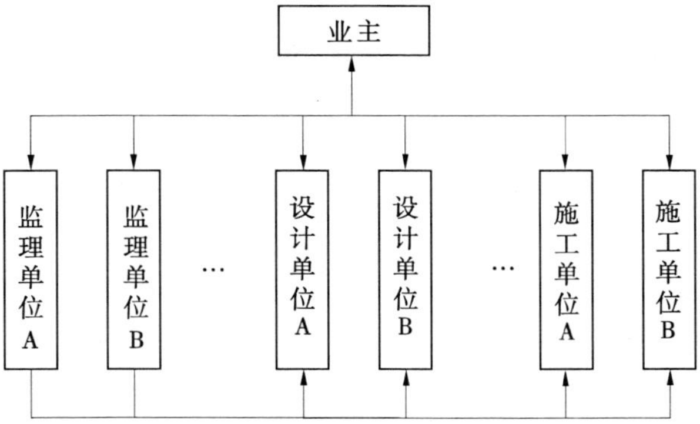

图 5-3　业主委托多家监理企业监理模式

为了克服上述不足,在某些大中型项目的监理实践中,业主首先委托一个“总监理工程师单位”总体负责建设工程的总规划和协调控制,再由业主和“总监理工程师单位”共同选择几家监理单位分别承担不同合同段的监理任务。由"总监理工程师单位"负责协调、管理各监理单位的工作,大大减少了业主的管理压力,形成了业主委托"总监理工程师单位"进行监理的模式。

二、设计或施工总分包模式及其监理模式

(一)设计或施工总分包模式

1. 设计或施工总分包模式的概念

所谓设计或施工总分包,就是指业主将全部设计任务发包给一个设计单位作为设计总承包,将全部施工任务发包给一个施工单位作为施工总承包;总承包单位还可以将其任务的一部分分包给其他的承包单位,从而形成一个设计总合同、一个施工总合同以及若干个分包合同的模式。设计或施工总分包模式如图 5-4 所示。

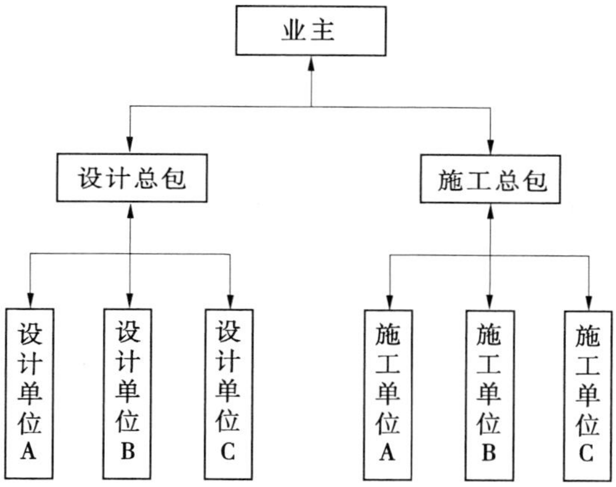

图 5-4 设计或施工总分包模式

2. 设计或施工总分包模式的优缺点

1) 优点

(1)有利于建设工程的组织管理。首先,由于业主只与设计总包单位或施工总包单位签订设计或施工承包合同,合同数量比平行承发包模式要少得多,因而有利于合同管理。其次,由于合同数量大量减少,也使业主方的协调工作量相应减少,这样能充分发挥监理与总包单位间多层次协调的积极性。

(2)有利于投资控制。总包合同价格可以较早确定,有利于监理企业掌握和控制项目的总投资额。

(3)有利于质量控制。在质量方面,各分包方进行自控,同时又有总包方的监督及监理方的检查、认可,形成多道质量控制防线,这样对质量控制有利。但监理工程师应注意严格控制总包单位"以包代管",以免对工程质量控制造成不利影响。

(4)有利于进度控制。这种形式使总包单位具有控制的积极性,各分包单位之间也有相互制约的作用,有利于监理工程师对项目总体进度的协调与控制。

2) 缺点

(1)建设周期相对较长。由于设计图纸全部完成后才能进行施工总包的招标,施工

招标需要一定的时间，所以不能将设计阶段与施工阶段进行最大限度的搭接。

(2)总包报价一般较高。一方面，由于建设工程的发包规模较大，通常来说只有大型承建单位才具有总包的资格和能力，不利于组织有效的招标竞争；另一方面，对于分包出去的工程内容，总包单位向业主的报价中一般都需要在分包的价格基础上加收管理费用。

(二)设计或施工总分包模式相应的监理模式

针对设计或施工总分包模式，业主可以委托一家监理企业进行全过程监理，如图 5-5 所示。业主也可以按设计阶段和施工阶段分别委托不同的监理企业进行监理，如图 5-6 所示。

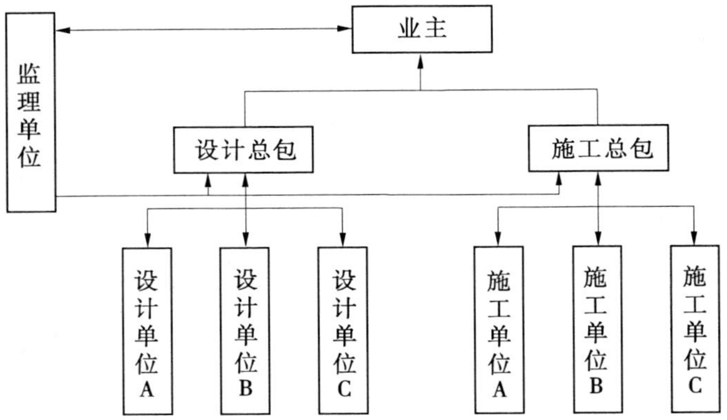

图 5-5　设计或施工总分包委托一家监理模式

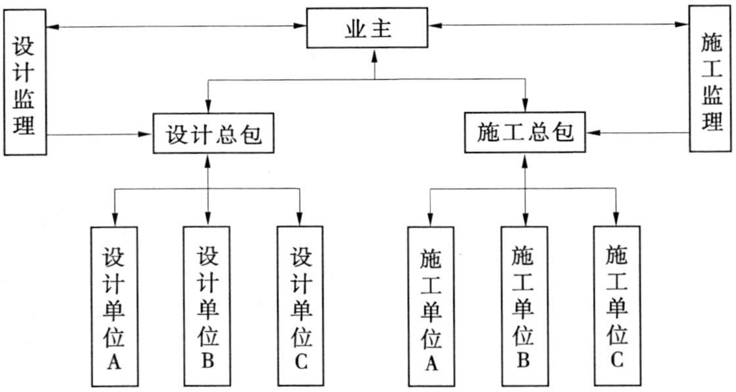

图 5-6　设计或施工总分包按阶段委托监理模式

一般来讲，业主委托一家监理企业更易于实现设计和施工阶段的统筹兼顾。监理企业可以对设计阶段和施工阶段的工程投资、进度、质量控制统筹考虑，合理地进行总体规划协调，更可使监理工程师掌握设计思路与设计意图，有利于施工阶段的监理工作。此模式中虽然承包合同的乙方的最终责任由总包单位来承担，但分包单位的资质、能力直接影响着工程质量、进度等目标的实现。所以，监理工程师必须做好对分包单位的资质审查和确认工作。

三、工程项目总承包模式及其监理模式

(一)工程项目总承包模式

1. 工程项目总承包模式的概念

工程项目总承包是指业主把工程设计、施工、材料和设备采购等一系列工作全部发包给一家承包公司,由其负责设计、施工和采购等全部工作,最后向业主交付一个能达到动用条件的工程,如图 5-7 所示。这种承发包模式又称“交钥匙工程”。

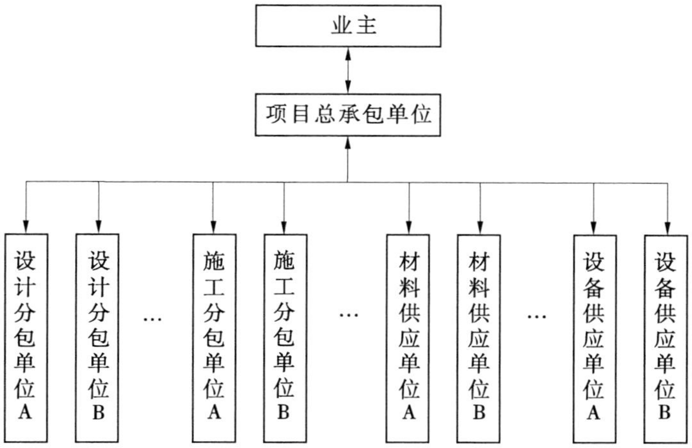

图 5-7 工程项目总承包模式

工程项目总承包模式适用于简单、明确的常规性工程,如一般性商业用房、标准化建筑等。对于一些专业性较强的工业建筑,如钢铁、化工、水利等工程,由专业性的承包公司进行项目的总承包也是常见的。国际上实力雄厚的科研→设计→施工一体化公司便是从一条龙服务中直接获得项目总承包资格的。

2. 工程项目总承包模式的优缺点

1)优点

(1)合同关系简单,协调工作量小。业主与项目总承包方之间只有一个主合同,合同关系大大简化。监理工程师主要与项目总承包单位进行协调,有相当一部分协调工作量转移到项目总承包单位内部及其与分包单位之间,这就使得建设工程监理的协调量大为减少。

(2)有利于投资控制。在设计与施工的统筹考虑的基础上,从价值工程的角度来讲可提高项目的经济性,但这并不意味着项目总承包的价格低。

(3)有利于进度控制。设计与施工由一个单位统筹安排,可使这两个阶段能够有机地结合,容易做到设计阶段与施工阶段进度上的相互搭接,缩短建设周期。

2)缺点

(1)合同管理难度大。合同条款的确定难以具体化,因此容易造成较多的合同纠纷,使合同管理的难度加大,也不利于招标发包的进行。

(2)业主择优选择承包商的范围小,往往导致合同价格较高。在选择招标单位时,由

于承包量大、工作进行较早、工程信息未知数多,因此承包方可能要承担较大的风险,所以有此能力的承包单位数量相对较少、合同价格较高,导致业主择优选择承包商的范围小。

(3)不利于质量控制。其原因之一是质量标准与功能要求难以做到全面、具体、明确,质量控制标准制约性受到一定程度的影响;原因之二是"他人控制"机制薄弱。

(二)工程项目总承包模式相应的监理模式

在工程项目总承包模式下,业主与总承包单位只签订一份总承包合同,一般宜委托一家监理企业进行。这种委托模式下,监理工程师需具备较全面的知识,重点要做好合同管理工作。

四、工程项目总承包管理模式及其监理模式

(一)工程项目总承包管理模式

1. 工程项目总承包管理模式的概念

所谓工程项目总承包管理,是指业主将工程项目的建设任务发包给专门从事工程建设组织管理的单位,再由其分包给若干个设计、施工和材料、设备供应单位,并对分包的各个单位实施项目建设管理,如图 5-8 所示。

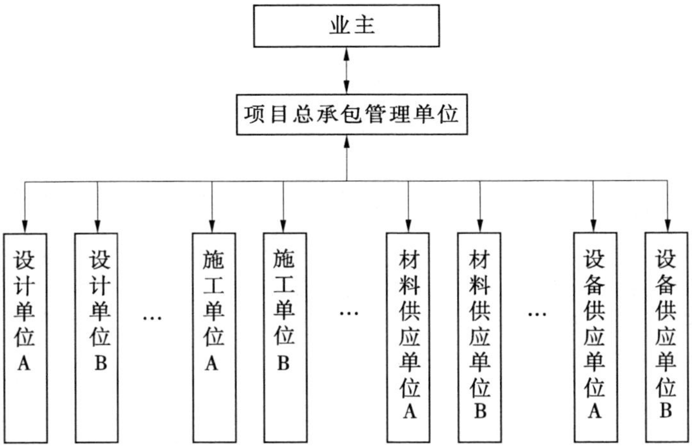

图 5-8　工程项目总承包管理模式

项目总承包管理与项目总承包不同之处在于:前者不直接进行设计与施工,没有自己的设计和施工力量,而是将承接的设计与施工任务全部分包出去并负责工程项目的建设管理;后者有自己的设计、施工力量,可直接进行设计、施工、材料和设备采购等工作。

2. 工程项目总承包管理模式的优缺点

1)优点

工程项目总承包管理模式与项目总承包类似,合同关系简单,组织协调比较有利,进度和投资控制也较为有利。

2)缺点

(1)由于总承包管理单位与设计、施工单位是总包与分包的关系,后者才是项目实施的基本力量,所以监理工程师对分包单位资质条件的确认工作就成了十分关键的问题。

(2)项目总承包管理单位自身经济实力一般比较弱，而承担的风险相对较大，因此工程项目采用这种承发包模式前应持慎重态度加以分析论证。

(二)工程项目总承包管理模式相应的监理模式

采用工程项目总承包管理模式的总承包单位一般属于管理型的“智力密集型”企业，其主要的工作是承担项目的管理。由于业主与总承包方只签订一份总承包合同，因此业主最好委托一家监理企业实施监理，这样便于监理工程师对总承包合同和总包单位的分包等活动进行管理。虽然总承包单位和监理企业均是进行工程项目管理的，但两者的性质、立场、内容等均有较大的区别，不可互为取代。

任务二　建设工程监理的组织协调

在项目建设的不同阶段、不同部位和参加项目建设的不同单位、不同层次之间，存在着大量的界面和结合部，协调的作用就是沟通和理顺这些结合部的关系，化解各种矛盾，排除各种时空上的干扰，组织好各种工艺、工序之间的衔接，使工程总体建设活动能有机地交叉进行，实现质量高、投资省、工期短的建设目标。

一、协调内容

协调工作贯穿于工程建设项目的全过程，渗透到工程建设项目的每一个环节。工程建设的每个过程、每个环节，都存在着不同程度的矛盾和干扰，甚至会产生冲突，需要不同层次的人员去协调。协调的内容包罗万象、丰富多彩，小到短时间的停工停电，大到不可抗力的破坏和重大设计变更而引起的资金、施工方案的调整。归纳起来，协调的主要内容有：协调日常施工干扰和相关单位或层次的协作配合；平衡调配资源供给；协调设计变更引起的施工组织、施工方案的调整；协调工程建设外部条件及其他重大问题等。

根据上述内容，协调可分为项目系统内部的协调和项目系统外部的协调。

二、项目系统内部协调

项目系统内部协调主要包括项目系统内部人际关系的协调、项目系统内部组织关系的协调、项目系统内部需求关系的协调和建设各方之间关系的协调。

(一)项目系统内部人际关系的协调

工程建设项目系统是由人组成的工作体系。工作效率如何，在很大程度上取决于人际关系的协调程度，监理工程师应首先抓好人际关系的协调。

(1)人员安排要量才录用。对各种人员，要根据每个人的专长进行安排，做到人尽其才。人员的搭配要注意能力和性格的互补，少而精干。

(2)工作分工要职责分明。对组织内的每一个岗位，都应订立明确的目标和岗位责任，使管理职能不重不漏，做到事事有人管、人人有专责，同时要明确岗位职责。

(3)效率评价要实事求是。每个人员都希望自己工作做出成绩，并得到组织肯定。但工作成绩的取得，不仅需要主观努力，而且需要有一定的工作条件和相互配合。评价一个人的成绩应实事求是，以免无功自傲或有功受委屈，这样才能使每个人热爱自己的工作,并对工作充满信心和希望。

(4)矛盾调解要恰到好处。人员之间的矛盾是难免的,一旦出现矛盾就应当进行调解。调解要注意工作方法,如果通过及时沟通、个别谈话和必要的批评,还无法解决矛盾,应采取必要的岗位变动措施。对上下级矛盾要区别对待,是上级的问题就做自我批评,是下级的问题应启发引导,对无原则的争论应当批评制止,这样才能使人们处于团结、和谐、热情的工作气氛中。

(二)项目系统内部组织关系的协调

项目系统内部组织关系协调主要从以下几个方面入手:

(1)要在职能和分工的基础上设置组织机构。

(2)要明确规定每个机构的目标职责、权限,形成制度。

(3)要事先确定各个机构在工作中的相互关系,防止出现脱节等贻误工作的现象。

(4)建立信息沟通制度,如采用工作例会、业务碰头会,发会议纪要,工作流程图和计算机网络信息传递等方式来沟通信息,这样才能使局部了解全局,服从全局的需要。

(5)及时消除工作中的矛盾和冲突。解决矛盾的方法应根据具体情况而定。如配合不佳导致的矛盾和冲突,应从配合关系入手来消除;争功夺利导致的矛盾和冲突,应从考核评价标准入手来消除;奖罚不公导致的矛盾和冲突,应从明确奖罚制度入手来解决;过高要求导致的矛盾和冲突,应从领导的思想方法和工作方法入手来消除等。

(三)项目系统内部需求关系的协调

工程建设项目实施中有人员需求、材料需求、能源动力需求等,然而资源是有限的,因此内部需求平衡至关重要。

需求关系的协调主要抓好以下几个关键环节:

(1)抓计划环节,平衡人、财、物的需求。工程建设项目实施的不同阶段,往往有不同的需求,同一工程的不同部位在同一时间往往有相同的需求。这不仅是个供求平衡问题,而且是个均衡配置问题。解决的关键在于计划。抓计划环节,要注意抓住期限上的及时性、规格上的明确性、数量上的准确性、质量上的规定性。这样才能体现计划的严肃性,发挥计划的作用。

(2)对建设力量的平衡,要抓住"瓶颈"环节。施工现场千变万化,有些项目的进度往往受到人力、材料、设备、技术、自然条件的限制或人为因素的影响而成为"卡脖子"的环节。这样"瓶颈"环节就会成为阻碍全局的"拦路虎"。一旦发生这样的"瓶颈"环节,就应通过资源、力量的调整,集中力量攻破"瓶颈",为整个工程建设项目建设的均衡推进创造条件。抓关键、抓主要矛盾,网络计划技术关键路线法是一种有效的工具。

(3)对专业工种配合,要抓住调度环节。一个工程建设项目施工,往往需要机械化施工、土建、机电安装等专业工种交替配合进行。交替有个衔接问题,配合有个步调问题,这些都需要抓好调度协调工作。

(四)建设各方之间关系的协调

建设项目各方的关系,主要是指建设单位与施工单位、建设单位与设计单位、设计单位与施工单位、各施工单位之间的关系等。这些关系在合同签订和履行过程中,由于各方的理解、认识、做法的不同以及变更和外部环境的影响,会不可避免地产生误解、纠纷、施工干扰以致冲突。监理工程师应站在公正的立场上,本着实事求是的原则,认真细致地处理各种矛盾。

1. 建设单位与施工单位之间的协调

建设单位与施工单位对工程承包合同负有共同履约的责任,工作往来频繁,在往来中对一些具体问题产生某些意见的分歧是常有的事。在这个层次的协调中,由于工程进展的各个阶段不同,建设单位与施工单位的关系也不尽相同,协调工作随着工程进展阶段的变化而变化。

(1)招标阶段的协调。中标后建设单位与施工单位的合同洽谈和签订,是协调的主要内容。首先,要对双方的法人资格和履约能力进行复核。其次,合同中要明确双方的权、责、利,如建设单位要保证资金、材料、设计、建设场地及外部水、电、通信、道路的"五落实";施工单位要实行"五包",即包工期、质量、单价或总价、材料和配套竣工。"五落实"未落实而影响"五包"或"五包"未按合同兑现,均应受到处罚。双方处罚条件应当对等。

(2)施工准备阶段的协调。施工准备是顺利组织施工的先决条件。施工准备工作包括所必要的劳动力、材料、机具、技术和场地准备,这就需要建设单位和施工单位双方协作,共同完成,为开工和顺利施工创造条件。

开工的条件是:有完整的施工图纸;由政府管理部门签发的施工许可证;资金和材料已经落实,能按工程进度需要拨款、供料;施工组织计划已经批准;加工订货设备已经落实;施工条件已经基本落实,现场已"五通一平"(水、电、路、气、电信通和场地平整)。

建设单位和施工单位双方应有明确的约定和分工。对一些习惯性的做法和问题应事先沟通,以便协调行动。

(3)施工阶段的协调。这个阶段的协调工作包括解决进度、质量、中间计量和支付签证、合同纠纷等一系列问题。主要有下列协调问题:

①进度问题的协调。影响进度的因素错综复杂,协调工作也十分复杂。实践证明,有两项协调工作很有效:一是建设单位和施工单位双方共同商定一级网络计划,并由双方负责人在一级网络计划上签字,作为工程承包合同的附件;二是设立提前竣工奖,监理按一级网络计划节点考核,让施工单位设立施工进度奖,调动施工单位职工的积极性。

②质量问题的协调。实行监理工程师质量签字制度,对没有出厂证明、不符合使用要求的原材料、设备和构件,不准使用;对于不合格的工程部位不予验收签证,也不予工程计量,不予支付进度款。

③签证协调。设计变更和工程建设项目的增减是不可避免的,是合同签订时无法预料的。对于这种变更,监理工程师要仔细研究,合理计算价格,与有关方面充分协商,达成一致意见。

④合同纠纷的协调。对合同纠纷,首先应协商解决,协商不成时再向合同管理机关申请调解和仲裁。如合同约定由法院裁决,应按照《中华人民共和国合同法》和《中华人民共和国民法通则》的有关规定向人民法院提起诉讼。若系国际工程,应按 FIDIC 条款执行。一般合同争议切忌诉讼,尽量协商解决,避免伤害感情,贻误工作。只有当对方严重违约而使自己的利益受到重大损失而不能得到补偿时,才用诉讼手段保护自己的利益。如果遇到非常棘手的问题,不妨暂时搁置,等待时机,另谋良策。

(4)交工验收阶段的协调。建设单位在交工验收中可能提出这样那样的问题,施工单位应根据技术文件、合同、中间验收签证和验收规范做出详细的解释,对不符合要求的工程要采取补救措施,使其达到设计、合同、规范要求。

2. 建设单位与设计单位之间的协调

建设单位与设计单位之间的协调,主要涉及设计进度、设计质量、工程概算、设计变更、设计标准、技术条件及新技术、新工艺、新材料的采用等方面。

3. 设计单位与施工单位之间的协调

设计单位与施工单位之间的协调主要涉及设计交底、领会设计意图以及设计与施工配合问题,如设计要方便施工,施工必须符合设计要求等。

4. 施工单位之间的协调

施工单位之间的协调,包括总包与分包之间的协调,以及分别直接发包情况下各施工单位之间的协调。总包与分包之间的协调,主要由总包负责。各施工单位之间的协调,主要有施工协作配合、施工干扰、施工安全、工程进度、计划的统筹安排等事项。

三、项目系统外部协调

参与项目建设的单位和部门,除作为建筑市场主体的建设、设计、施工、制造、供应和监理单位外,还有国家主管部门、各级地方政府、当地有关部门、金融机构、新闻媒介及其他社会团体。协调好项目系统外部的关系,争取各方面的支持,改善建设环境,对于实现项目目标具有十分重要的意义。

争取各级地方政府支持,是改善建设环境的重要环节。征地、拆迁、移民安置是政策性很强、涉及千家万户的利益、实施起来比较困难的工作,只有争取各级地方政府的支持,充分发挥各级地方政府的作用,才能做好这项工作。同样,对外交通保障、大构件运输要求的桥梁加固、抗洪救灾、工地治安、建筑材料的调配供应等问题的妥善解决,都离不开地方政府的支持,需要地方政府做好协调工作。

协调好与金融机构的关系,如与投资公司、银行的关系,及时报告工程进展和资金使用情况,接受金融系统对建设资金的监督,按期归还建设贷款,建立良好的信誉,实事求是地反映资金供应上的困难,对于确保建设资金按时到位具有十分重要的意义。

协调好新闻媒介及其他社会团体的关系,争取新闻机构的支持,利用广播、报纸、电视等大众宣传媒介,宣传项目建设的意义、建设进度、取得的成绩、项目建设对地方经济发展的贡献等,有利于得到社会各界的支持,鼓舞建设者的士气,顺利实现建设目标。

任务三　协调的方法

项目监理组织协调的方式包括会议制度、口头交流和监理书面通知等。

一、会议协调法

会议协调法是建设工程监理中最常用的一种协调方法,实践中常用的会议协调法包括第一次工地会议、监理例会、专业性监理会议等。

(一)第一次工地会议

第一次工地会议是建设工程尚未全面展开前,履约各方相互认识、确定联络方式的会议,也是检查开工前各项准备工作是否就绪并明确监理程序的会议。

第一次工地会议应在项目总监理工程师下达开工令之前举行,由建设单位主持召开会议,由监理单位、总承包单位的授权代表参加,也可要求分包单位参加,必要时邀请有关设计单位人员参加。

第一次工地会议主要内容如下:

(1)介绍人员及组织机构。建设单位或其代表应就其实施工程建设项目期间的职能机构、职责、范围及主要人员名单提出书面文件,并就有关细节进行说明。

总监理工程师向总监理工程师代表和专业监理工程师授权,并声明自己保留的权利,书面将授权书、组织机构图、职责范围及全体监理人员名单提交施工单位及建设单位。

施工单位应书面将项目经理或工地代表授权书、主要人员名单、职能机构框图、职责范围及有关人员资质材料提交监理工程师,以取得监理工程师的批准。监理工程师应在本次会议上进行审查并口头批准(或有保留地批准),会后正式予以书面确认。

(2)介绍施工进度计划。施工单位的施工进度计划应在中标通知发出后合同规定的时间内提交监理工程师。在第一次工地会议上,监理工程师就施工进度计划做出如下说明:施工进度计划可于何日批准或哪些分项已获得批准;根据批准或将要批准的施工进度计划,施工单位何日进行哪些施工,有无其他条件限制,有哪些重要的或复杂的分项工程还应单独编制进度计划提交批准。

(3)施工单位介绍施工准备情况。施工单位应就施工准备情况按如下内容提出陈述报告,监理工程师应逐项予以澄清、检查和评述:

①主要施工人员包括项目负责人、主要技术人员、主要机械操作人员是否进场或将何日进场。

②用于工程的进口材料、机械、仪器和设备、设施是否进场或将何日进场,是否会对施工产生影响,并提交进场计划和清单。

③用于工程的本地材料来源是否落实,并提交进场计划和清单。

④施工驻地及临时工程建设进展情况如何,并提交施工驻地及临时工程建设计划和分布图。

⑤工地实验室、流动实验室及设备是否准备就绪,将于何日安装,并提交实验室布置图、流动实验室分布图及仪器设备清单。

⑥施工测量的基础资料是否已经落实并通过复核,施工测量是否进行或将何日完成,并应提供施工测量计划及有关资料。

⑦履约保函、动员预付款保函和各种保险是否已办理或将何日办理完毕,提交有关已办理的手续副本。

⑧为监理工程师提供的住房、交通、通信、办公等设备和服务设施是否具备或将何日具备,并提交有关安排计划和清单。

⑨其他与开工条件有关的内容和事项。

(4)建设单位说明开工条件。建设单位代表就工程占地、临时用地、临时道路、拆迁以及其他开工条件有关的问题进行说明。监理工程师应根据批准或将要批准的施工进度计划的安排,对上述事项提出建议和要求。

(5)明确施工监理例行程序。监理工程师应沟通与施工单位之间的联系渠道,明确工作例行程序并提出有关表格及说明,一般包括:质量控制的主要程序、表格及说明;进度控制的主要程序、图表及说明;投资控制的主要程序、表格及说明;工程计量程序、报表及说明;索赔的主要程序、报表及说明;工程变更的主要程序、图表及说明;工程质量事故及安全事故的报告程序、报表及说明;函件的往来传递交接程序、报表及说明;确定施工过程中的工地会议举行时间、地点及程序;其他有关的制度规定等。

(二)监理例会

(1)监理例会是由总监理工程师主持,按一定程序召开的,研究施工中出现的计划、进度、质量及工程款支付等问题的工地会议。

(2)监理例会应当定期召开,宜每周召开一次。

(3)参加人包括项目总监理工程师(也可为总监理工程师代表)、其他有关监理人员、承包商项目经理、承包单位其他有关人员。需要时,还可邀请其他有关单位代表参加。

(4)会议的主要议题。

(5)会议纪要由项目监理机构起草,经与会各方代表会签,然后分发给有关单位。

(三)专业性监理会议

除定期召开工地监理例会外,还应根据需要组织召开一些专业性的协调会议,如加工订货会、业主直接分包的工程内容承包单位与总包单位的协调会、专业性较强的分包单位进场协调会等,均由监理工程师主持会议。

二、现场协调会

在整个建设工程施工期间,应根据具体情况,不定期地召开不同层次的施工现场协调会。现场协调会的目的在于监理工程师对日常或经常性的施工活动进行检查、协调和落实,使监理工作和施工活动密切配合。会议由监理工程师主持,施工单位派代表出席,有关监理工程师及施工技术人员酌情参加。会议只对近期建设工程施工中的问题进行证实、协调和落实,对发现的施工质量问题及时予以纠正,对其他重大问题只提出而不进行讨论,另安排专门会议或在工地例会上进行研究处理。会议的主要内容包括施工单位报告近期的施工活动,提出近期的施工计划安排,简要陈述发生或存在的问题。监理工程师就施工进度和施工质量予以简要评述,并根据施工单位提出的施工活动安排,安排监理工程师或监理人员进行旁站、巡视、平行检验、抽样试验、检测验收等监理工作,对执行施工合同有关的其他问题交换意见。

现场协调会以协调工作为主,讨论和证实有关问题并及时发现工程施工中存在的问题,一般对出现的问题不做出决议,重点对日常工作发出指令。监理工程师和施工单位通过现场协调会彼此交换意见、交流信息,使监理工程师和施工单位双方保持良好的关系,以利于工程建设活动的开展。

任务四　协调的作用

从我国目前常用的项目管理模式可以看出，监理单位受业主委托对项目进行计划、组织、协调、控制，直接与项目其他参与方发生关系，是最佳的协调人。总体来说，协调的作用可以归纳为以下三种：

（1）协调可以纠偏和预控错位。

在水利工程施工中，经常出现作业行为偏离合同和规范的标准、工期超前和滞后、后续工序脱节、由于涉及修改和材料代用给下阶段施工带来影响的变更，以及水文、地质突然变化带来的影响，或人为因素对工期和质量带来的影响等，这些都会造成计划与实际的偏离。监理协调的重要作用之一就是及时纠偏，或采取预控措施事前调整错位。

（2）协调是控制进度的关键。

在建设工程施工中，有许多单位工程或单项工程是由不同的专业化的施工队伍完成的，这就存在着不同专业施工队伍间的相互衔接和相互协调的问题。无论哪一专业施工队伍出现工期延误，都会直接影响建设总工期，这就需要监理工程师进行组织与协调。由此可以看出，进度控制的关键是协调。

（3）协调是平衡的手段。

在工程施工中，一些大中型的建设项目往往由许多施工队伍进行施工，加上设计单位、土建单位、安装单位、设备材料供应单位等，既有纵向的串接，又有横向的联合，各自又有不同的作业计划、质量目标，这就存在着各单位之间的协调问题。监理工程师应当从工程内部分析，既要进行各子系统之间的平衡协调，又要进行队伍之间、上下之间和内外之间的协调，发挥监理工程师的核心作用，突出协调功能。

工程项目管理中，工程建设监理的一个重要作用就是组织协调。通过监理的组织协调，使项目参与各方彼此沟通，促进相互了解和理解，在项目总目标和各分目标之间寻求平衡，达到统一思想与行动，使各项工作能够顺利进行。通过业主与监理的总体协调作用，联合各参与单位的力量，实现项目总体目标。换句话说就是，通过业主与监理的组织协调作用，提高项目参与各方之间的"配合度"，从而提高项目的绩效。

多年的工程监理实践证明，一个工程建设项目的顺利完成是多方配合和相互合作的共同成果。参与建设管理的有关部门，包括建设单位、设计单位、施工单位、设备供应单位、材料生产单位、地方政府有关部门、交通运输部门、水电供应单位等，需要多方配合和相互合作，这就必然要求监理工程师具有良好的人际关系和较强的组织协调能力。

思考题

1. 工程项目组织管理模式有哪些？
2. 项目监理机构的组织形式有哪些？
3. 简述项目总承包管理模式。
4. 简述工程建设项目组织协调的作用。

5. 简述组织协调的方法。
6. 简述组织协调的内容。
7. 何谓第一次工地会议?
8. 简述第一次工地会议的主要内容。
9. 建立项目监理组织有哪些主要步骤?
10. 简述例行现场会议的议程。

项目六　水利工程建设监理实务

任务一　监理工作程序和工作方法

一、施工监理工作程序

（一）施工监理基本工作程序

从签订监理合同到工程竣工验收，以及缺陷责任期的主要监理工作如下：

（1）依据监理合同组建监理机构，选派总监理工程师、监理工程师、监理员和其他工作人员，明确职责与分工。

（2）熟悉工程建设有关法律、法规、规章以及技术标准，熟悉工程设计文件、施工合同文件和监理合同文件。

（3）编制监理规划。总监理工程师组织项目专业监理工程师和管理人员，根据工程项目特点编制具有针对性的监理规划，报送监理单位技术负责人审批后实施。

（4）进行监理工作交底。监理工作交底（首次监理交底）一般在第一次工地例会时进行，主要向施工单位阐明监理的工作方式、监理工作程序和监理工作要求等。

（5）编制监理实施细则。根据项目监理规划、施工措施计划，针对危险性较大的、技术复杂的，或新工艺、新技术等，专业监理工程师组织编制的操作性文件。

（6）实施施工监理工作。通过事前、事中、事后对施工质量、进度、资金进行控制，对安全、合同、信息进行管理，对施工过程中的相关问题进行协调，简称“三控三管一协调”。

（7）整理监理工作档案资料。根据施工监理实施过程中的监理资料立卷的主要内容，在施工过程中按规范和监理公司要求收集整理监理资料。

（8）参加工程验收工作。审核承包人提交的验收申请，并根据有关水利工程验收规程或合同约定，参与或主持工程验收。参加发包人与承包人的工程交接和档案资料移交。

（9）按合同约定实施缺陷责任期的监理工作。监督承包人对已完成工程项目的施工质量缺陷进行修复，完成尾工项目，协助发包人验收尾工项目，并按合同约定办理付款签证。

（10）结清监理报酬。完成缺陷责任期的监理工作，完成项目监理工程资料的归档并装订成册，依据监理合同专用条款，结清监理报酬。

（11）向发包人提交有关监理档案资料，监理工作报告。

（12）向发包人移交其所提供的文件资料和设施设备。

（二）施工监理主要工作程序图

施工监理主要工作程序有单元工程（工序）质量控制监理工作程序、质量评定监理工作程序、进度控制监理工作程序、工程款支付监理工作程序、索赔处理监理工作程序等，如图 6-1 ~ 图 6-5 所示。

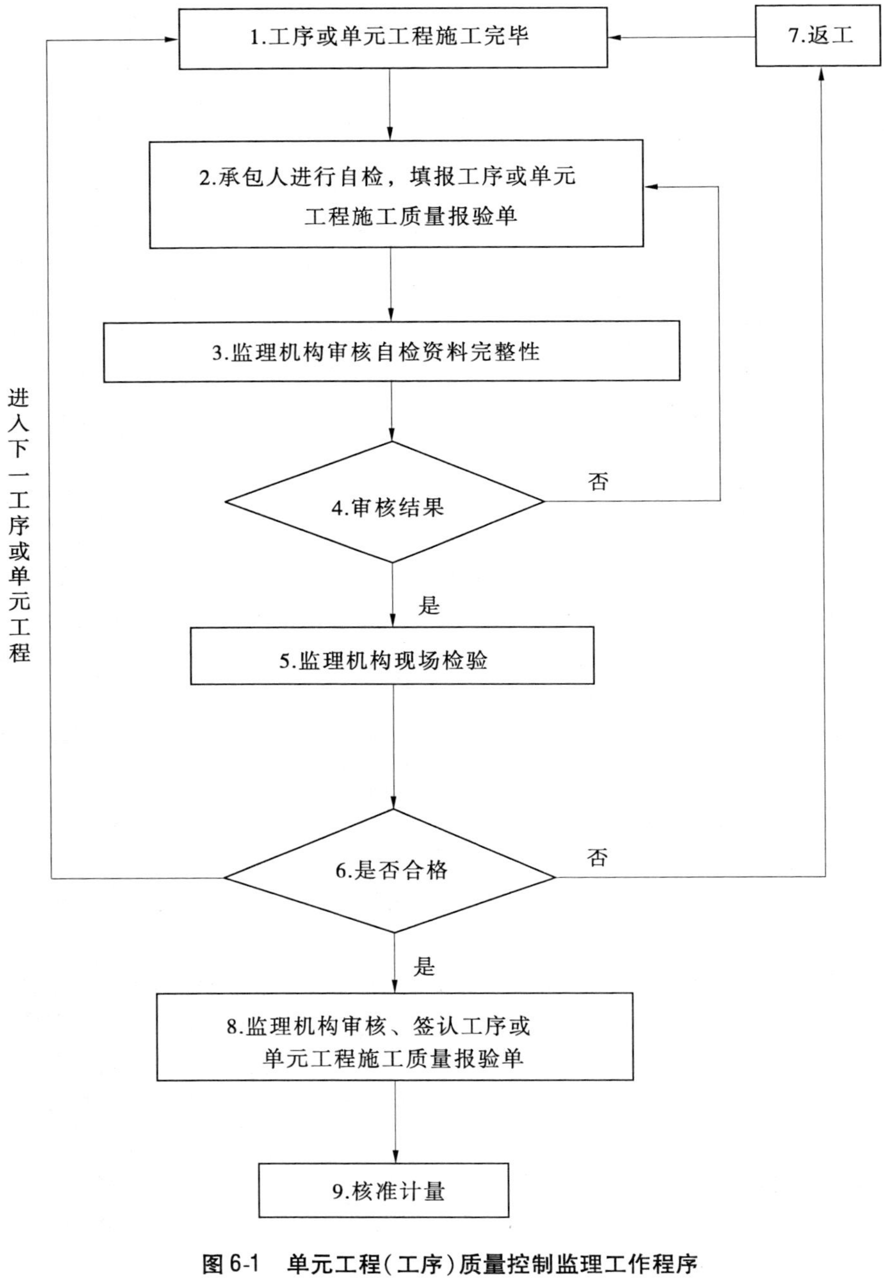

图 6-1　单元工程（工序）质量控制监理工作程序

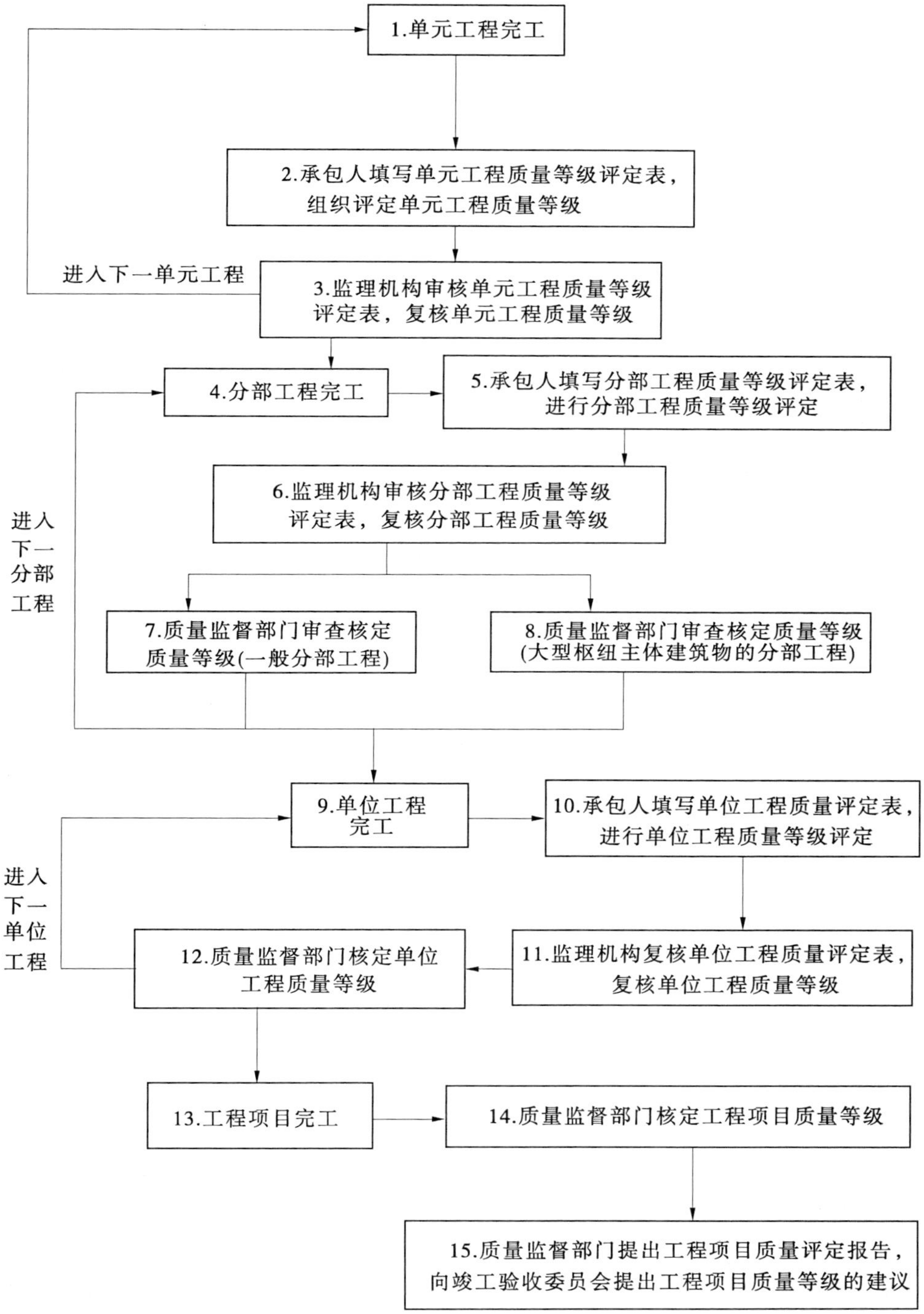

图 6-2 质量评定监理工作程序

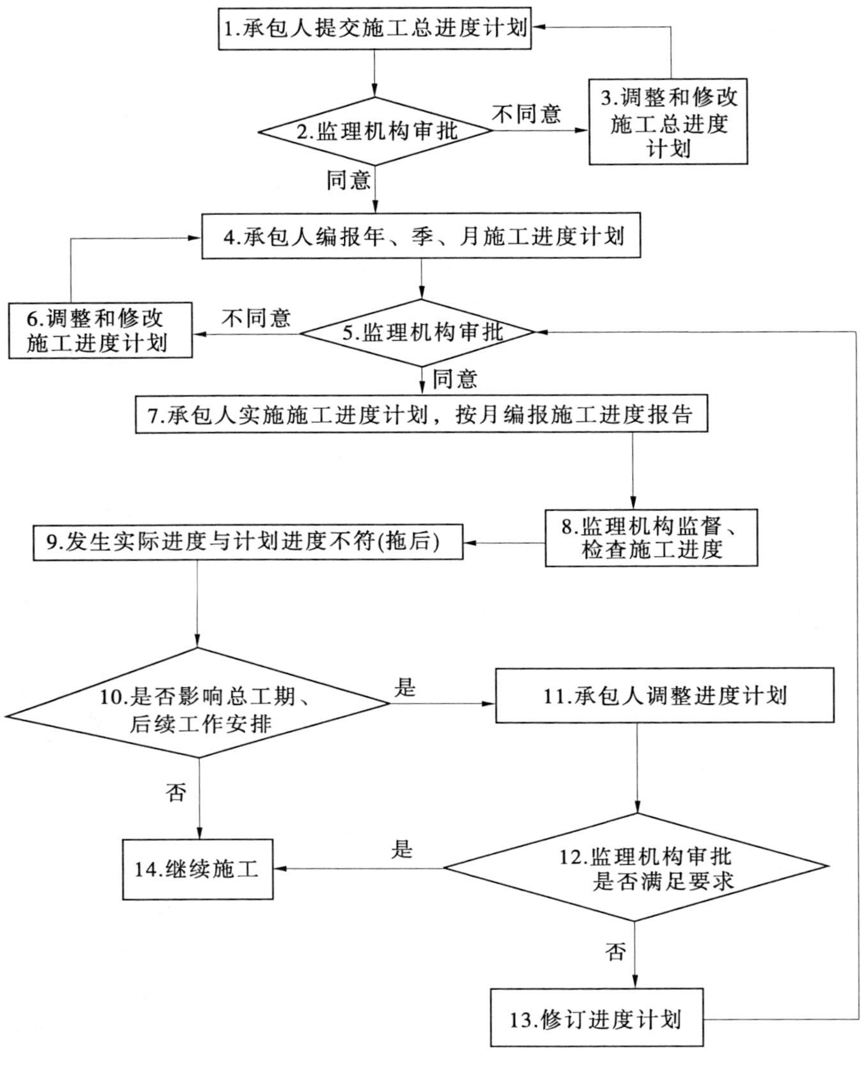

图 6-3 进度控制监理工作程序

二、施工监理工作方法

(一)施工监理工作要点

(1)以安全、质量为中心开展监理工作。

监理工作点多面广,环节多,涉及的工作内容广泛、繁杂、干扰多、头绪多。中心是要搞好工程项目的安全、质量工作。力争圆满实现工程项目安全、质量、工期、资金合同目标。

(2)施工阶段的全过程控制。

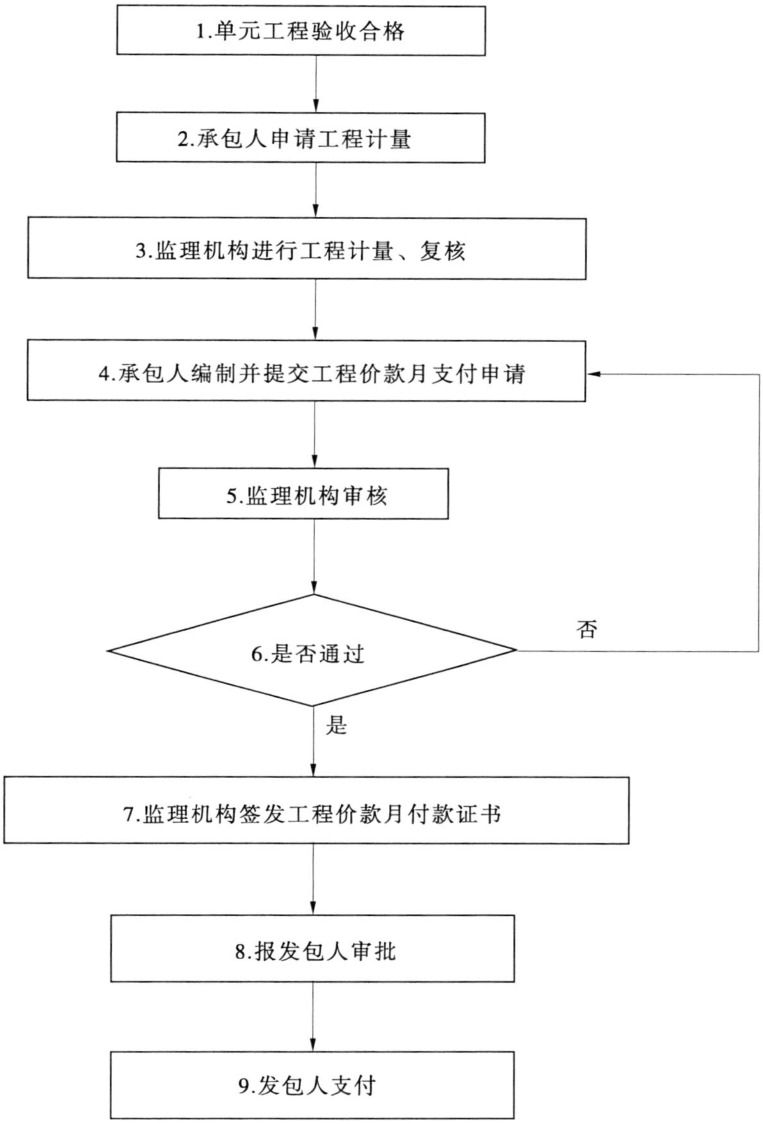

图 6-4　工程款支付监理工作程序

施工阶段监理工作,从工程项目的施工准备,开工至工程竣工验收;从原材料、半成品、成品的质量控制,施工机械,施工用水、用电,至工程项目水、电、气、消防、排污、机械设备、设施安装、安全文明施工;从工序至检验批、单元工程(分项)、分部工程、单位工程的质量检查和检验评定等,对工程项目系统实施全过程、全方位、全面的控制。

(3)预防为主,防止再发。

采用主动控制,做好事前控制。预控当先,把事后的验评变为材料、工序的控制;把检验结果质量变为影响质量的因素、工序过程控制。防止不合格的材料、半成品、成品流入工地,防止不合格的产品进入下一道工序。

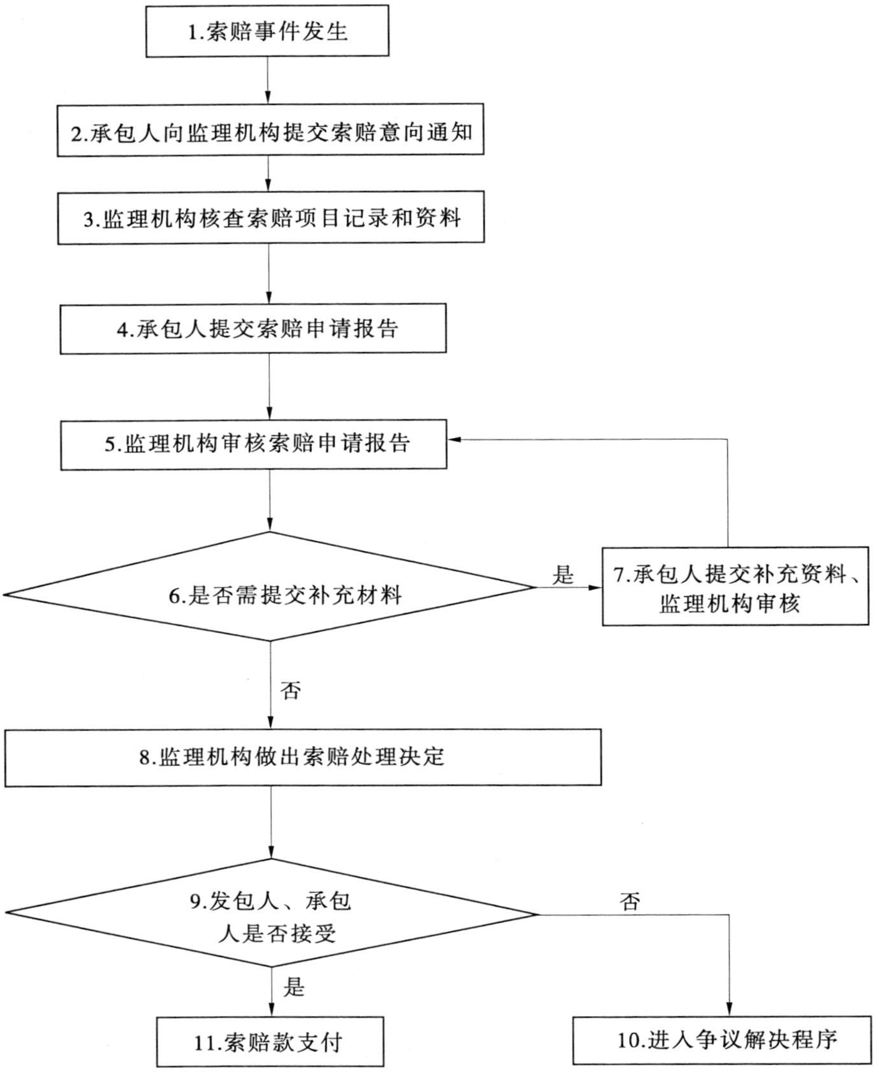

图 6-5 索赔处理监理工作程序

(4)采用旁站、量测、试验、指令性文件、计量支付等手段,进行事中控制。

勤检查、巡视,及时发现问题,及时纠正。检查依据是标准、规范、规程、强制性条文。越标违规要分析原因,对症处理,确保检验批主控项目满足设计与规范要求,一般项目偏差在规范规定的允许范围内。

(5)认真做好验评工作,把好验评控制关,即事后控制。

达不到施工质量验收标准和规范规定的必须进行处理。该修的修,该换的换,该拆的拆;处理以后再重新检评,直到施工质量合格。

(二)施工监理工作方式

1. 现场记录

监理机构记录每日施工现场的人员、原材料、中间产品、工程设备、施工设备、天气、施工环境、施工作业内容、存在的问题及其处理情况等。

现场记录是现场施工情况最基本的客观记载,也是质量评定、计量支付、索赔处理、合同争议解决等的重要原始记录资料。监管人员要认真、完整地对当日各种情况做详细的现场记录,对于隐蔽工程、重要部位的关键工序的施工过程,监管人员一般采用照相或摄像等手段予以记录。监理机构要妥善保管各类原始记录资料。

2. 发布文件

监理机构采用通知、指示、批复、确认等书面文件开展施工监理工作。发布文件既是施工现场监理的重要手段,也是处理合同的重要依据。

3. 旁站监理

监理机构按照监理合同约定和监理工作需要,在施工现场对工程重要部位与关键工序的施工作业实施连续性的全过程监督、检查和记录。

监理机构在监理工作过程中可结合批准的施工措施计划和质量控制要求,通过编制或修订监理实施细则,具体明确或调整需要旁站监理的工程部位和工序。

4. 巡视检查

监理机构对所监理工程的施工进行的定期或不定期的监督与检查。监理机构应对巡视检查中发现的影响工程质量、工程安全等问题,要求施工单位及时处理或整改,并进行详细记录,保存好相关资料。

5. 跟踪检测

监理机构对承包人在质量检测中的取样和送样进行监督。跟踪检测费用由承包人承担。

实施跟踪检测的监理人员应监督承包人的取样、送样以及试样的标记和记录(试样是指样品、试件、试块等),并与承包人送样人员共同在送样记录上签字,发现承包人在取样方法、取样代表性、试样包装或送样过程中存在错误时,应及时要求予以改正。

跟踪检测的项目和数量(比例)应在监理合同中约定,并符合相关规定。施工过程中,监理机构根据工程质量控制工作需要和工程质量状况等确定跟踪检测的频次分布,但应对所有见证取样进行跟踪。

6. 平行检测

在承包人对原材料、中间产品和工程质量自检的同时,监理机构按照监理合同约定独立进行抽样检测,核验承包人的检测结果。平行检测费用由发包人承担。

平行检测是指由监理机构组织实施的与承包人测量、试验等质量检测结果的对比检测。根据《水利工程质量检测管理规定》和水利工程施工监理实际情况,对不同类别的检测,实施平行检测的措施如下:

(1)监理机构复核施工控制网、地形、施工放样,以及工序和工程实体的位置、高程与几何尺寸时,可以独立进行抽样测量,也可以与承包人进行联合测量,核验承包人的测量成果。

（2）需要通过实验室试验检测的项目，如水泥物理力学性能检验、砂石骨料常规检验、混凝土强度检验、砂浆强度检验、混凝土掺加剂检验、土工常规检验、砂石反滤料（垫层）常规检验、钢筋（含焊接与机械连接）力学性能检验、预应力钢绞线和锚夹具检验、沥青及其混合物检验等，由发包人委托或认可的具有相应资质的工程质量检测机构进行检测，但试样的选取由监理机构确定，现场取样一般由工程质量检测机构实施，也可以由监理机构实施。

（3）工程需要进行的专项检测试验，监理机构不进行平行检测。

（4）单元工程（工序）施工质量检测可能对工程实体造成结构性破坏的，监理机构不做平行检测，但对承包人的工艺试样进行平行检测，施工过程中监理机构要监督承包人严格按照工艺试验确定的参数实施。

7. 协调

监理机构依据合同约定对施工合同双方之间的关系，以及工程施工过程中出现的问题和争议进行沟通、协商和调解。

任务二　监理规划与监理细则

一、监理规划的编制

项目监理规划是工程项目监理的纲领性、指导性文件，是对项目监理大纲的深化和具体化。项目监理大纲是监理投标文件之一，由监理单位的经营部门和技术管理部门共同编写的，它表达了对工程项目监理的总体构思，中标后则可作为编制项目监理规划的依据。项目监理规划应由总监理工程师组织项目专业监理工程师和管理人员编制，报送监理单位技术负责人审批后实施。

（一）项目监理规划的作用

（1）项目监理规划指导项目监理机构全面开展监理工作。

建设工程监理的中心目的是协助建设单位实现建设工程的总目标。因此，监理规划需要对项目监理机构开展的各项监理工作做出全面、系统的组织和安排。它包括建立组织机构，配备合适的监理人员，确定监理工作目标，制定监理工程程序，确定目标控制、合同管理、信息管理、组织协调等各项措施，确定各项工作的方法和手段。

（2）项目监理规划是政府建设监理主管部门对监理单位监督管理的依据。

政府建设监理主管部门对建设工程监理单位要实施监督、管理和指导，对其人员素质、专业配套和建设工程监理业绩要进行核查和考评，以确认其资质和资质等级，以使我国整个建设工程监理行业能够达到应有的水平。为此，除进行一般性的资质管理工作外，更为重要的是通过监理单位的实际工作来认定它的水平，而监理单位的实际水平可以在监理规划及其实施中充分表现出来。所以，监理规划是政府建设监理主管部门监督、管理和指导监理单位开展监理活动的重要依据。

（3）项目监理规划是建设单位确认监理单位履行合同的主要依据。

建设单位不但需要而且应当了解和确认监理单位如何落实委托给监理单位的各项监

理服务工作。建设单位有权监督监理单位全面、认真地执行监理合同。而项目监理规划正是了解和确认这些问题的重要资料,是建设单位确认监理单位是否履行监理合同的主要说明性文件。

(4)项目监理规划是监理单位内部考核的依据和重要的存档资料。

从监理单位内部管理制度化、规范化、科学化的要求出发,需要对项目监理机构(包括总监理工程师和专业监理工程师)的工作进行考核,其主要依据就是经过内部主管负责人审判的项目监理规划。通过考核可以对有关监理人员的监理工作水平和能力做出客观、正确的评价,从而有助于对这些人员更加合理地安排和使用。

(二)项目监理规划的编制程序

在施工准备阶段,项目监理机构进入施工现场,总监理工程师组织全体监理人员熟悉设计图纸及其有关文件和调查了解施工现场情况。在此基础上,对项目监理大纲进行深化与具体化,编制项目监理规划。

总监理工程师应组织项目监理机构的各专业监理工程师和管理人员,根据专业和职务分工编写项目监理规划的相应部分,汇总后,组织项目监理机构全体人员讨论,通过后,由总监理工程师最后审定,经报请监理单位技术负责人审核批准后,在召开第一次工地会议前报送给建设单位。

(三)项目监理规划的编制要求

1. 项目监理规划编制的原则要求

(1)可行性原则。项目监理规划必须密切结合工程项目本身的特点,应有很强的可操作性。

(2)全面性原则。项目监理规划的内容应包括项目监理工作的全部内容,明确提出对影响项目监理工作全部因素进行管理与控制的方法、制度、程序和措施。

(3)预见性原则。项目监理规划中对各种影响监理工作因素的控制应体现出“以预防为主”的原则,对可能发生的风险问题要有预见性和超前的考虑。

(4)针对性原则。监理规划编制时应结合工程本身的特点和各自不同的条件,有针对性地编写项目监理的计划、组织、程序、方法等,才能最大程度地发挥监理规划的作用。

(5)适应性原则。项目监理规划被批准后的实施过程中,应根据其实施情况、工程建设的重大调整或合同重大变更等对监理工作要求的改变进行修订。

2. 项目监理规划编制的时间要求

监理规划应在签订委托监理合同及收到设计文件后开始编制,并应在召开第一次监理工地会议前报送建设单位,所有监理人员应熟悉监理规划的内容。在第一次监理工地会议中,总监理工程师应介绍监理规划的主要内容。

(四)项目监理规划的编制依据

(1)国家及工程项目所在地政府发布的有关工程建设的法律、法规和政策。

(2)有关工程建设的规范、规程、标准。

(3)有关本工程项目的审批文件。

(4)有关本工程项目的设计文件、技术资料。

(5)本工程项目的工程地质、水文地质勘查资料,场区的地形地貌图,气象资料,周围环境资料和有关场区的历史资料等。

(6)本工程项目的施工合同。

(7)本工程项目的委托监理合同、监理大纲及中标文件。

(8)本工程项目的工程量清单、设计概(预)算或施工概(预)算文件。

(9)其他与本工程项目有关的合同、资料、文件。

(五)项目监理规划的主要内容

监理规划的具体内容应根据不同工程项目的性质、规模、工作内容等情况编制,格式和条目可有所不同。

1. 总则

(1)工程项目基本概况。简述工程项目的名称、性质、等级、建设地点、自然条件与外部环境;工程项目建设内容及规模、特点;工程项目建设目的。

(2)工程项目主要目标。工程项目总投资及组成、计划工期(包括阶段性目标的计划开工日期和完工日期)、质量控制目标、安全管理目标等。

①资金控制目标:以建设单位与承包单位签订的施工合同中的合同价款及有关文字约定为造价控制的依据,按项目所在地政府现行的建设工程造价结算有关规定文件审核工程结算。

②质量控制目标:施工合同规定工程质量标准。

③进度控制目标:满足施工合同规定的工期要求。×年×月×日开工,×年×月×日竣工。

④安全管理目标:一般可写为“监理单位依据国家有关法律、法规和工程建设强制性标准及项目所在地政府发布的规定,对承包单位的安全生产管理行为和安全防护进行监督检查,力求少发生一般安全问题,并杜绝发生重大人身伤亡事故”。

(3)工程项目组织。列明工程项目主管部门、质量监督机构、发包人、设计单位、承包人、监理单位、工程设备供应单位等。

(4)监理工程范围和内容。发包人委托监理的工程范围和服务内容等。

监理工作范围依据委托监理合同确定。一般可写为“根据委托监理合同的规定,监理单位承担施工阶段、保修阶段监理任务”。监理工作的内容一般可写为“施工阶段监理工作的内容是指依据委托监理合同的约定,在工程项目建设过程中,监督、管理建设工程合同的履行,控制工程建设项目的进度、造价、质量和安全施工,以及协调参加工程建设各方的工作关系”。

(5)监理主要依据。列出开展监理工作所依据的法律、法规、规章,国家及部门颁发的有关技术标准,批准的工程建设文件和有关合同文件、设计文件等的名称、文号等。

(6)监理组织。现场监理机构的组织形式与部门设置、部门职责,主要监理人员的配置和岗位职责等。

(7)监理工作基本程序和具体内容。

监理工作的具体内容如下:主持或参加施工图会审及设计交底,并提出审查意见;审查承包单位报送的“项目管理实施规划”(施工组织设计、施工方案),提出修改意见,并监督其实施;审查并确认总承包单位选择的分包单位;监督承包单位严格按照施工图及有关文件,并遵循国家、项目所在地政府发布的法律、法规、政策、规范、规程、标准施工,控制工程质量;编制工程项目控制性总进度计划,监督承包单位按照经审定的工程进度计划施工,控制工程进度;进行工程计量、审核工程量清单和工程款支付申请、签署工程款支付证书并报建设单位;审定竣工结算报表,控制工程造价;组织对检验批及分项工程、分部工程质量验收,组织竣工预验收;参与工程项目竣工验收,控制工程质量;监督承包单位遵守建设工程安全生产的法规要求,按照各专项安全施工方案组织施工,确保施工安全;督促承包单位加强施工现场的管理(包括场容地貌、文明施工、环境保护、防水、治安保卫、卫生防疫、防职业病等);管理工程变更、处理费用索赔;参与对工程质量问题及质量事故的处理;调解建设单位与承包单位之间的争议;定期主持召开监理工地例会,检查工程进展情况,协调各方之间的关系,处理需要解决的问题;每月编制监理月报,向建设单位及有关部门汇报工程建设情况。

(8)监理工作主要制度。

监理工作制度是由监理单位的领导层和管理层制定并发布执行的,包括技术文件审核与审批、会议、紧急情况处理、监理报告、工程验收等方面。

项目监理机构可结合本工程项目的实际情况,选用有关的监理制度。例如:项目监理机构管理制度,施工图会审、设计交底制度,项目管理实施规划(施工组织设计、施工方案)审核制度,分包单位资格制度,工程变更制度,建筑材料、构配件及设备验收管理制度,工程隐检、预检及分项、分部工程验收制度,施工项目旁站监理制度,工程项目监理月报编制制度,施工现场监理会议制度,工程质量问题及质量事故处理制度,合同及其他事项的管理制度,施工项目安全管理制度,监理资料的管理与归档制度,单位工程竣工验收制度,工程项目监理工作总结制度。

(9)监理人员守则和奖惩制度。

2. 施工准备阶段的监理工作

参与或主持设计交底;审定"项目管理实施规划"(施工组织设计、施工方案);查验施工测量成果;调查施工现场及其周围环境,查明影响工程开工及今后施工的因素;主持第一次工地会议,检查施工现场情况,确定今后协调方式;进行监理工作交底(介绍项目监理规划的主要内容),说明各项监理制度、监理程序等有关事项;核查施工现场的开工条件,核准工程开工。

3. 工程质量控制:质量控制内容、质量控制要点、质量控制的措施和方法、质量控制程序

主要内容包括:以施工图纸、施工质量验收规范、施工质量验收统一标准等为依据,督促承包单位全面实现施工合同中约定的工程质量标准;主动地对工程项目施工的全过程实施质量控制,并以预控(预防)为重点;对工程项目的人、机、料、法、环等因素进行全面的质量控制,监督承包单位的质量保证体系落实到位,并正常发挥作用;要求承包单位严格执行材料试验、施工试验(包括见证取样送检等)和设备检验,对承包单位的实验室及选定的见证取样送检实验室进行考核与批准;严格要求承包单位执行预检、隐检、分项及分部工程的验收程序;坚持本道工序未经验收或质量不合格,不得进入下一道工序;坚持不合格的建筑材料、建筑构配件及设备不得用于工程;施工过程中严格监督承包单位执行已被批准的"项目管理实施规划"(施工组织设计),如需调整、补充或变动,应报项目监理

机构审查批准;以工序质量保证分项工程质量,以分项工程质量保证分部工程质量,以分部工程质量保证单位工程质量;采取经常的巡视、检查、平行检验、测量等手段,以验证施工质量;在关键部位和关键工序施工过程中进行旁站;严格执行见证取样送检制度;对不合格的分包单位和不称职的承包单位人员可建议予以撤换;监理人员发现工程问题或重大工程质量隐患时,应要求承包单位立即进行纠正,必要时下达工程暂停令。

4. 工程进度控制:进度控制目标的分解、进度控制原则、进度控制内容、进度控制要点、进度控制的措施、进度控制程序

主要内容包括:按施工合同规定的工期目标控制工程进度;应用动态控制方法主动控制工程进度;承包单位编制工程总进度计划,经总监理工程师批准后,由承包单位执行;承包单位编制月(季)度工程进度计划,经总监理工程师审核批准后,由承包单位执行;工程进度计划执行中,项目监理机构应对承包单位的工程进度计划执行情况进行跟踪监督,实施动态控制;每月(季)末应对工程实际进度进行核查,如与计划进度有较大差异,应召开工地例会,分析原因,采用纠正措施;工程总进度计划应根据动态控制原则,勤检查、常调查,使实际工程进度符合计划进度,并制订总工期被突破后的补救实施计划。

5. 工程资金控制:资金控制的原则、资金控制的内容、资金控制的措施和方法、竣工结算、资金控制程序

主要内容包括:严格执行施工合同中确定的合同价、单价和约定的工程款支付及结算办法;在报验资料不全,与合同的约定不符,未经质量检验签认合格,或有违约行为时,监理工程师坚持不予审核、计量及付款;工程量与工作量的计算应按施工合同的约定,并符合有关的计算规则;由于设计变更、工程洽商、合同变更及违约索赔等引起工程造价的增减时,监理工程师应坚持公正、公平、合理的原则;对有争议的工程计量和工程款,应采取协商的方式解决,协商不成时,应按施工合同中关于双方争议的处理办法解决;对工程量的审核、工程款的审核与支付,监理单位与建设单位均应在施工合同规定的时限内进行;严格工程款支付的签认;及时掌握市场信息,了解建筑材料、构配件及设备的价格情况,以及有关部门规定的调价范围与有关规定。

6. 安全及文明施工监理

总监理工程师应组织项目监理机构全体人员认真学习贯彻《建设工程安全生产管理条例》,建立经常性的学习及自检查制度;项目监理机构全体人员要牢固树立"安全第一,预防为主,综合治理"的思想,强化责任意识;总监理工程师组织项目监理人员认真审查承包单位编制的施工方案(包括施工现场临时用电方案)是否符合工程建设强制性标准;承包单位针对达到一定规模的危险性较大的分部、分项工程应当在施工前单独编制专项施工方案,并附具安全验算成果,经承包单位技术负责人审核后,报项目监理机构,总监理工程师应组织监理人员认真审核,合格后分别由承包单位技术负责人及总监理工程师签字,交承包单位实施;对危险性较大的工程承包单位应当编制安全专项施工方案,必要时按规定组织专家组进行论证审查;项目监理机构应督促检查承包单位项目经理部落实安全生产责任制度、安全生产规章制度和安全操作规程的实施情况;项目监理机构应检查承包单位是否按建设行政主管部门的规定成立了由项目经理负责的安全生产管理小组,专职的安全生产管理人员的配置是否符合规定;项目监理机构应督促承包单位项目经理部

在施工现场建立消防安全责任制度;项目监理机构应检查承包单位在施工现场的特种作业人员(如爆破作业人员、起重机操作人员、登高架设作业人员、安装拆卸工等)的特种作业操作资格证书,无证者不得上岗;在施工过程中,项目监理人员如果发现存在安全事故隐患,应当要求承包单位立即整改,必要时签发“工程暂停令”,并及时报告建设单位,如承包单位拒不执行项目监理机构的指令,项目监理机构应向监理单位领导层和管理层汇报,并向政府建设行政管理部门报告;项目监理机构必须按照法律、法规和工程建设强制性标准实施监理工作。

7.合同管理的其他工作

变更的处理程序和监理工作方法,违约事件的处理程序和监理工作方法,索赔的处理程序和监理工作方法,分包管理的监理工作内容,担保及保险的监理工作。

总监理工程师组织项目监理机构全体人员认真学习和研究施工合同、委托监理合同、分包合同以及与建设工程项目相关的其他合同文件;设专职或兼职的合同管理员负责合同管理工作,将合同的内容分解到各项控制工作中去,各专业监理工程师根据预控原则进行跟踪管理,如发现有不正常现象,及时向总监理工程师反映,采取纠正和预防措施;合同管理员要加强与信息管理员的沟通与联系;对施工合同的实施进行全面管理。

8.协调

协调工作的主要内容,协调工作的原则与方法。

9.工程质量评定与验收监理工作

工程质量评定,工程验收。

10.缺陷责任期监理工作

缺陷责任期的监理内容,缺陷责任期的监理措施。

11.信息管理

信息管理程序、制度及人员岗位职责,文档清单、编码及格式,计算机辅助信息管理系统,文件资料预立卷和归档管理。

12.监理设施

制订现场监理办公和生活设施计划,制定现场交通、通信、办公和生活设施使用管理制度。

项目监理机构应根据工程项目的专业类别、规模、特点配备必要的工程测量及检测仪器、设备;计算机(连同外设部件及软件);专业工程施工规范、质量验收标准、工程建设强制性标准等,以及与监理的工程项目有关的、必要的参考图书资料、标准图册等;必备的办公条件与生活设施。

13.监理实施细则编制计划

监理实施细则文件清单,监理实施细则编制工作计划。

二、监理细则的编制

(一)监理实施细则与监理规划的关系

监理实施细则是由项目监理机构专业监理工程师根据项目监理规划,在施工措施计划批准后、专业工程(或作业交叉特别复杂的专项工程)施工前或专业工作开始前,组织相关专业监理人员编制监理实施细则，并报总监理工程师批准的进行监理工作编制的操作性文件。

（二）监理实施细则的编制要点

（1）监理实施细则应符合监理规划的基本要求，充分体现工程特点和监理合同约定的要求，结合工程项目的实施方法和专业特点，明确具体的控制措施、方法和要求，具有针对性、可行性和可操作性，确定监理工作应达到的标准。

（2）监理实施细则应针对不同情况制定相应的对策和措施，突出监理工作的事前审批、事中监督和事后检验。

（3）监理实施细则可根据实际情况按进度、分阶段编制，但应注意前后的连续性、一致性。

（4）总监理工程师在审核实施细则时，应注意各专业监理实施细则间的衔接与配套，以组成系统、完整的监理实施细则体系。

（5）在监理实施细则条文中，应具体写明引用的规则、规范、标准及设计文件的名称、文号；文中涉及采用的报告、报表时，应写明报告、报表所采用的格式。

（6）在编写实施细则之前，专业监理工程师应熟悉设计图纸及其说明文件，查阅有关工程监理、施工质量验收规范及工程建设强制性标准等有关文件，方能编写出有针对性和指导意义的监理实施细则。

（7）在监理工作实施过程中，应根据实际情况对监理实施细则进行修改、补充和完善。

（三）监理实施细则编写的目的

（1）针对工程项目施工中某一专业的重要的、关键性的部位，或针对至关重要的施工步骤，或专业工作将监理人员应采取的措施编写成监理实施细则。

（2）对采用新工艺、新材料、新技术或特殊结构的工程项目，因对其施工工艺或某些部位的施工质量或施工安全经验不足，成功的期望值不易确定时，可编制监理实施细则。

（3）对于工程项目施工中的一般常规施工项目，是否需要编制监理实施细则，可由总监理工程师与专业监理工程师商定。监理单位也可采取编制通用的监理实施细则标准文本汇编的办法。

（4）监理实施细则编制完成后，一般由总监理工程师批准后报送所属监理单位技术管理部门备案，关系重大的还应报请监理单位技术总负责人审批。

（5）监理实施细则属于项目监理机构内部管理文件，一般不发给项目经理部，是否报送建设单位，根据建设单位的要求和项目监理机构具体情况而定。

（四）监理实施细则的编制依据

（1）已批准的项目监理规划。

（2）设计图纸及其说明文件。

（3）施工现场的地形地貌测量图。

（4）工程地质、水文地质勘查报告，气象资料等。

（5）国家和项目所在地政府发布的有关工程建设的法律法规。

（6）国家、当地政府及行业主管部门发布的有关的技术规范、规程、标准、管理程序等。

(7)由承包单位报送的已经批准的本工程项目的项目管理实施规划(施工组织设计)。

(五)监理实施细则的主要内容

1.专业工程监理实施细则

专业工程主要指施工导(截)流工程、土石方明挖、地下洞室开挖、支护工程、钻孔和灌浆工程、地基及基础处理工程、土石方填筑工程、混凝土工程、砌体工程、疏浚及吹填工程、屋面和地面建筑工程、压力钢管制造和安装、钢结构的制作和安装、钢闸门及启闭机安装、预埋件埋设、机电设备安装、工程安全监测等。专业工程监理实施细则的编制应包括下列内容:

(1)适用范围。

(2)编制依据。

(3)专业工程特点。

(4)专业工程开工条件检查。

(5)现场监理工作内容、程序和控制要点。

(6)检查和检验项目、标准和工作要求。一般应包括:巡视检查要点;旁站监理的范围(包括部门和工序)、内容、控制要点和记录;检测项目、标准和检测要求,跟踪检测和平行检测的数量和要求。

(7)资料和质量评定工作要求。

(8)采用的表式清单。

2.专业工作监理实施细则

专业工作主要指测量、地质、试验、检测(跟踪检测和平行检测)、施工图纸核查与签发、工程验收、计量支付、信息管理等工作,可根据专业工作特点单独编制。根据监理工作需要,也可增加有关专业工作的监理实施细则,如进度控制、变更、索赔等。专业工作监理实施细则的编制应包括下列内容:

(1)适用范围。

(2)编制依据。

(3)专业工作特点和控制要点。

(4)监理工作内容、技术要求和程序。

(5)采用的表式清单。

3.安全监理实施细则

施工现场临时用电和达到一定规模的基坑支护与降水工程、土方和石方开挖工程、模板工程、起重吊装工程、脚手架工程、爆破工程、围堰工程和其他危险性较大的工程应编制安全监理实施细则。安全监理实施细则应包括下列内容:

(1)适用范围。

(2)编制依据。

(3)施工安全特点。

(4)安全监理工作内容和控制要点。

(5)安全监理的方法和措施。

(6)安全检查记录和报表格式。

4. 原材料等核验和验收监理实施细则

原材料、中间产品和工程设备进场核验和验收监理实施细则,可根据各类原材料、中间产品和工程设备的各自特点单独编制,应包括下列内容:

(1)适用范围。

(2)编制依据。

(3)检查、检测、验收的特点。

(4)进场报验程序。

(5)原材料、中间产品检验的内容、技术指标、检验方法与要求。包括原材料、中间产品的进厂检验内容和要求,检测项目、标准和检测要求,跟踪检测和平行检测的数量与要求。

(6)工程设备交货验收的内容和要求。

(7)检验资料和报告。

(8)采用的表式清单。

监理实施细则的具体内容可根据工程特点和监理工作需要进行调整。

任务三　监理日志与巡视记录

一、监理日志

监理日志是项目监理机构监理资料中较重要的组成部分,监理日记的内容必须保证真实、全面,充分体现参建各方合同的履行程度。公正地记录好每天发生的工程情况是监理人员的重要职责。

(一)监理日志的作用

(1)工程实施中监理工作状况的最真实的反映。

(2)体现监理工作量和监理价值的资料之一。

(3)监理的工程跟踪控制的重要组成部分。

(4)监理人员素质、技术水平、工作能力、工作责任心的综合反映。

(5)总监理工程师或副总监理工程师(总监理工程师代表)及监理公司管理层对相关监理人员工作予以承认或纠正的前提资料。

(6)公司管理层对员工考评的依据之一。

(7)《工程监理月报》《安全监理月报》的编制依据。

(二)监理日志的填写

监理日志是项目监理机构一项非常重要的监理资料,项目监理组必须认真、详细、如实、及时地予以记录。记录前应对当天的施工情况、监理工作情况进行汇总、整理,做到填写清楚、版面整齐、条理分明、内容全面。

(1)总监理工程师应指定专人依据监理人员监理日记填写项目监理日志,并由总监理工程师授权的监理工程师签字。

(2)监理日志应按监理合同所包括的施工合同单独填写,并按月装订成册;如施工合同的单位工程个数较多,可根据施工合同所包括的单位工程类别分别填写并汇总成册。

(3)监理日志填写从监理工作开始至监理工作结束止。

(4)监理日志应以项目监理机构的监理工作为记载对象,不得记录与监理工作无关的内容。

(5)监理日志的汇编人员负责核查施工日志,如记录不实,应及时要求修正。

(三)监理日志的内容

(1)日志编号、日期、气象等。

(2)施工活动情况。

①施工部位、内容:关键线路上的工作、重要部位或结点的工作,以及项目监理组认为需要记录的其他工作。

②工、料、机动态:现场主要工种的作业人员数量(比如:钢筋工、木工、泥工、架子工等),项目部主要管理人员(项目经理、施工员、质量员、安全员等)的到位情况;当天主要材料(包括构配件)的进退场情况;施工现场主要机械设备的数量及其运行情况(有否故障、故障的排除时间等),主要机械设备的进退场情况。

③承包人质量检验和安全作业情况。

(3)监理活动情况。

①巡视:巡视时间、次数,根据实际情况有选择地记录巡视中的重要情况。

②验收:验收的部位、内容、结果及验收人。

③见证:见证的内容、时间及见证人。

④旁站:内容、部位、旁站人及旁站记录的编号。

⑤平行检验:部位、内容、检验人及平行检验记录编号。

⑥工程计量:完成工程量的计量工作、变更内容的计量工作。

⑦审核、审批情况:有关方案、检验批(分项、工序等)、原材料、进度计划等的审核、审批情况(记录有关审核、审批单的编号即可)等。

(4)存在的问题及处理方法。

一天来,通过一系列的监理工作,在工程的安全、质量、进度、投资等方面发现了什么问题,针对这些问题监理组是如何处理的,处理结果怎样,应做好详细的记录。对一些重大的质量、安全事故的处理应按规定的程序进行,并按规定记录、保存、整理有关的资料,记录应言简意赅。

(5)其他事项。

监理指令(监理通知、备忘录、整改通知、变更通知等,记录编号即可);会议及会议纪要情况;往来函件情况;安全工作情况;合理化建议情况;建设各方领导部门,或建设行政主管部门的检查情况等。

监理日志填写完成后,指定监理日志汇编人、授权监理工程师、当天值班的监理人员共同签名。总监理工程师应定期审阅监理日志,并签署意见。

（四）监理日记与监理日志

监理人员个人监理日记、项目监理机构监理日志的填写必须认真仔细，字迹清楚，不得涂改。工程项目完工后，按监理公司规定时间报送监理公司存档。

监理人员个人监理日记，应如实反映本专业工程进展概况，当天的监理工作，如监理巡视、旁站等；真实记录在监理工作中对（或监理预见的）安全、质量、投资、进度等方面存在的问题及采取的措施，反映事态过程及处理结果，做到监理事件的合理闭合；对当日形成的监理文件应记录（记录编号即可）；反映个人工作上下班时间；必须当日填写且签字，日期的签署应齐全；及时送交总监理工程师或副总监理工程师（总监理工程师代表）审阅签字。

项目监理机构监理日志依据监理人员个人监理日记编制填写，总体概括工程项目当天各工种施工情况，监理各专业工作情况。

（五）填写注意事项

监理人员个人监理日记、项目监理机构监理日志填写还应注意以下事项：

（1）准确记录时间、气象。监理人员在填写监理日记、汇编监理日志时，往往只重视时间记录，而忽视了气象记录，其实气象记录的准确性和工程质量有直接的关系。如混凝土强度、砂浆强度在不同气温条件下的变化值有着明显的区别，监理人员应根据混凝土浇捣时的温度及今后几天的气温变化，判断具备承载能力的时间和具备拆模的时间。

（2）做好现场巡查，真实、准确、全面地记录工程相关问题。监理人员在填写监理日记、编制监理日志之前，必须做好现场巡查，增加巡查次数，提高巡查质量。巡查结束后认真填写监理日记，按不同专业、不同施工部位进行分类整理，最后工整地书写监理日志，并做好签名工作。

（3）事无巨细，体现服务宗旨。监理人员在做监理日记、编制监理日志时，认为有些小问题没有必要记录，或者认为有些问题已经解决，没有必要再找麻烦。其实这就忽视了自身价值的体现，忽略了让业主方更多地了解监理的工作内容，应充分体现监理就是服务的服务宗旨。

（4）完备工作记录，体现能力水平。在监理工作中，并不只是发现问题，更重要的是怎样科学合理地解决问题。所以，监理日记要记录好每一个问题的现场实际情况，问题的原因分析，提出的整改意见，承包单位的整改结果全过程。不但记录要完整，并且在事件与时间上要合理闭合。

（5）心系安全，规避责任。建筑工程是一个高危行业，安全问题要警钟长鸣。在施工现场监理人员必须履行安全管理职责，时刻对承包单位的安全生产管理行为和安全防护进行监督检查，做好检查记录，力求少发生一般安全问题，杜绝发生重大人身伤亡事故。

（6）书写工整、条理清楚、专业用语、文字规范、内容严谨。工程监理日记、监理日志应充分展现记录人对各项活动、问题，及其相关影响的表达。文字如处理不当，比如错别字多、涂改明显、语句不通，不符合逻辑，或用词不当、用语不规范、采用日常俗语等都会产生不良影响。语言表达能力不足的监理人员在日常工作中要多熟悉图纸、规范，提高技术素质，积累经验，掌握写作要领，严肃认真地记录好监理日记和监理日志。

（7）监理工程师的监理日记应包括：监理人员的（内业）工作情况，如学习技术文件、政策、法规；起草文件；审核施工方案、进度计划、审批报验；审图；监理人员的（外业）在施工现场的监理工作情况。

综上所述，监理日记、监理日志的记录是监理的重要基础工作，每位监理人员必须高度重视。每个监理人员都有责任做好监理日记，为工程项目提供有价值的证据，为自己和公司树立良好的形象，以便让更多的人了解监理，提高监理行业的社会信誉。

（六）监理日记、监理日志表格

《水利工程施工监理规范》(SL 288—2014) 中规定的监理日记、监理日志表格样式如表 6-1、表 6-2 所示。

表 6-1　监理日记

（监理[　　] 日记　　号）

合同名称：　　　　　　　　　　　　　　　　　　合同编号：

天气		气温		风力		风向	
施工部位、施工内容（包括隐蔽部位施工时的地质编录情况）、施工形象及资源投入情况							
承包人质量检验和安全作业情况							
监理机构的检查、巡视、检验情况							
施工作业存在的问题、现场监理人员提出的处理意见以及承包人对处理意见的落实情况							
汇报事项和监理机构指示							
其他事项							
监理人员： 日期：　　年　月　日							

说明：本表由现场监理人员填写，按月装订成册。

表 6-2　监理日志

（监理[　　]日志　　号）

填写人：　　　　　　　　　　　　　　　　　　日期：　　　年　　月　　日

天气		气温		风力		风向	
施工部位、施工内容、施工形象及资源投入（人员、原材料、中间产品、工程设备和施工设备动态）							
承包人质量检验和安全作业情况							
监理机构的检查、巡视、检验情况							
施工作业存在的问题、现场监理人员提出的处理意见以及承包人对处理意见的落实情况							
监理机构签发的意见							
其他事项							

说明：1. 本表由监理机构指定专人填写，按月装订成册。

2. 本表栏内内容可以另附页，并标注日期，与日志一并存档。

二、监理巡视记录

监理巡视记录是一项重要的监理资料，监理人员在巡视检查后应填写监理巡视记录，项目监理人员必须认真、详细、如实、及时地予以记录。

（一）监理巡视记录的内容

监理巡视检查工作内容一般侧重于工程质量和安全，监理巡视记录主要记录监理人员在巡视工作中的巡视范围、巡视对象，以及巡视中发现的问题及处理意见。

监理巡视记录与监理日记、监理日志的区别主要是工作方式和侧重点不一样。监理日记、监理日志是常规工作，监理巡视记录分常规巡视检查和专项巡视检查。监理日记、监理日志主要记录当天的监理工作情况，包括施工活动情况、监理活动情况、工程施工中存在的问题及处理方法、其他事项等工程项目的所有监理工作；监理巡视记录主要根据工程特点制订的监理巡视工作方案，重点检查记录工程实施过程中对施工质量的控制和施工现场的安全管理。若出现重复，均要求记录，措词可以不一样，但必须一致，不能出现相互矛盾的记录。

（二）监理巡视检查工作职责

（1）项目监理机构的监理人员应对承包单位的施工过程进行经常性的巡视检查，并做好巡视检查记录。巡视检查记录必须体现监理行业特点、技术要求和岗位职责履行情况，文字与数字相结合，检测数据及其单位要符合技术规范和质检评定标准。

（2）监理员必须上午、下午各巡视检查一次，日常巡视检查应包括对施工现场的巡视、检查、检验、验收、实物计量、协调，以及安全防护与安全技术交底检查等工作，注重上述检查项目对工程质量和安全的影响项目，做好巡视记录。

（3）专业监理工程师应根据施工进展情况，负责自身专业施工的日常巡视检查，重点查看对工程质量和安全影响较大的项目，并做好巡视记录。

（4）总监理工程师应定期、经常性、有目的地到现场巡视检查，如发现问题，应立即进行处理，并安排项目监理机构监理人员跟踪落实。对大型工程、重点工程，总监理工程师应常驻现场，做到每日巡视，并做好巡视记录。

（5）总监理工程师或副总监理工程师（总监理工程师代表）或专业监理工程师，依据制订的监理巡视工作方案，定期、分专业组织专项巡视检查，重点检查对工程质量影响大的部位和安全专项检查。

（6）监理人员在巡视检查中，发现施工企业违规操作，应立即制止，并及时向项目总监理工程师报告，拟写整改监理通知，报送项目总监理工程师；项目总监理工程师批准后，发送施工单位；监理人员应跟踪检查承包单位的整改过程，验证整改结果，做到有始有终、前后闭合。

（7）监理人员发现危及工程质量、施工安全的，对后续施工或其他专业工程产生质量或安全隐患的，应立即向项目总监理工程师报告，由项目总监理工程师采取应急措施，并迅速发出整改通知。

（8）如不能及时、有效地制止施工企业违规行为，项目总监理工程师应及时将情况上报建设单位和政府有关主管部门，同时报送监理公司。

（三）监理巡视检查工作方案

项目监理机构应在工程项目开工前，结合工程项目特点，由项目总监理工程师组织编制《监理巡视检查工作方案》。工作方案应包括监理人员日常巡视检查工作职责和工作要求，专项巡视检查的部位、检查内容、参加人员、工作机制等，其中含定期专项检查和安全专项检查。

《水利工程施工监理规范》（SL 288—2014）中规定的监理巡视记录表格样式如表 6-3 所示。

表 6-3　监理巡视记录

（监理[　　]巡视　　号）

合同名称：　　　　　　　　　　　　　　　　合同编号：

巡视范围	
巡视情况	
发现问题及处理意见	
巡视人：(签名) 日期：　年　月　日	

说明：1. 本表由监理机构填写，按月装订成册。
2. 本表按月装订成册。

任务四　监理会议与会议纪要

一、监理会议

施工现场监理会议是建设工程项目参加建设各方交流信息的重要形式，一般分为监理例会（最好每周开一次）、监理专题会议。因工作急需，建设、承包、监理单位均可提出召开临时工地会议，以解决当时亟待解决的问题。

监理会议的参加人员，在第一次监理工地会议时已经商定；专题工地会议和临时工地会议的参加人员和会议内容，在会前商定。会议由总监理工程师或其授权的监理工程师主持。

（一）第一次监理工地会议

第一次监理工地会议应在监理机构批复合同工程开工（或尚未全面展开）前举行，会议主要内容如下：

（1）建设单位根据委托监理合同宣布项目监理机构总监理工程师并向其授权。

（2）参建单位介绍各方组织机构、人员及其分工，履约各方相互认识，确定联络方式。

（3）建设单位、施工单位分别介绍工程开工准备情况。

（4）监理单位检查合同工程开工准备各项工作是否就绪的情况，并提出意见和要求。

（5）总监理工程师介绍项目监理规划的主要内容，并进行首次监理工作交底。

（6）会议的具体内容可由有关各方会前约定，会议由总监理工程师主持召开。

（7）参会单位及相关人员包括建设单位代表、监理单位总监理工程师及监理机构全体人员、承包单位项目经理及项目部全体管理人员，可邀请分包单位参加，必要时邀请有关设计单位人员参加。

（二）监理例会

（1）在工程施工过程中，项目监理机构应定期召开监理例会，原则上应每周召开一次，主要参加人员如下：

①建设单位与业主施工现场代表。

②承包单位项目经理部经理及技术负责人，各专业有关人员。

③项目监理机构总监理工程师、副总监理工程师（总监理工程师代表）、各专业监理工程师、监理员以及其他监理人员。

④如涉及勘察、设计单位和工程分包单位，可请其派员参加。

（2）会议的议题应根据工程进展情况，当前施工中存在的突出的、亟待解决的问题，以及各方的意见选定，要密切联系工作实际，突出重点。议题范围如下：

①上次会议议决事项的执行情况，如未完成，应查明原因及其责任人，并研究和制定补救措施。

②查明工程进展情况，并和计划进度比较，如落后于计划进度，应研究补救措施，同时制定进度目标。

③检查工程质量状况，对存在的工程质量问题，讨论并制定改进措施。

④检查安全生产情况，检查上次例会有关安全生产决议事项的落实情况，查找潜在的安全事故隐患，确定下一阶段安全管理工作的内容，并明确重点监控的部位和措施。

⑤检查工程量核定及工程款支付情况。

⑥讨论建筑材料、构配件和设备供应情况、存在的问题及如何进行改进。

⑦通报违约和工期、费用索赔的意见及处理情况。

⑧解决需要协调的有关事项。

⑨其他当前亟待解决的、需要在会上通报的或在会上研究的事项。

（3）项目监理机构各有关人员应在会议召开之前，按专业或职务分工对上次会议议决事项的执行情况进行调查，并对本次会议拟提出的问题提出建议。在监理例会召开之前，项目监理机构应召开项目监理机构全体人员会议，对如何开好例会做出布置与安排。

（4）监理例会的召开。

监理例会由总监理工程师或其授权的监理工程师主持，发言顺序以及主要内容如下：

①施工单位：上次例会需解决事项的整改情况，上周生产计划的完成情况，完成施工部位的质量和安全情况，以及存在的问题；下周施工计划和质量、安全保证措施，需要协调解决的问题等。

②监理单位：上周监理主要工作，施工现场存在的安全、质量问题，施工进度、工程资料情况等；下周施工部位的质量控制要点，施工安全注意事项，文明施工，成品保护，夏天防暑降温、春节前民工工资问题等。

③建设单位：回复施工方需要解决的问题，对各参建单位提出工程进度、工程投资、工程质量与安全等的要求。

④与会方讨论：针对当前施工中存在的突出的、亟待解决的问题，协商讨论，将质量安全问题消灭在萌芽状态，在保证质量和安全的前提下加快施工进度。

总之，监理例会主要目的是对施工生产的一种过程控制，是掌控工程质量与安全，工程进度和资金控制的重要措施。

（三）监理专题会议

（1）监理专题会议是解决施工中的技术问题、安全问题、管理问题及专业协调工作而组织召开的会议。

（2）监理专题会议由项目监理机构根据工作需要主持召开，建设单位、承包单位提出建议，总监理工程师审定同意后也可召开。

（3）会议召开前应充分做好准备工作，主要有：确定中心议题，确定会议参加人员，准备会议资料，落实会议地点、时间并发出会议通知，明确中心发言人及记录人员等。

《水利工程施工监理规范》（SL 288—2014）4.3.5 规定，监理会议由总监理工程师或其授权的监理工程师主持。

《建设工程监理规范》（GB/T 50319—2013）条文说明 3.0.3 规定，监理例会由总监理工程师或其授权的专业监理工程师主持。专题会议是由总监理工程师或其授权的专业监理工程师主持或参加的，为解决监理过程中的工程专项问题而不定期召开的会议。

二、监理会议纪要

（一）监理例会会议纪要

（1）由总监理工程师指定专人，使用专用的记录本负责监理工地例会的记录。根据记录整理、编写会议纪要。主要内容如下：

①会议地点、时间，出席者姓名、单位、职务。

②上次例会决议事项的落实情况，如未落实，应查明原因及其责任人，应采取何种补救措施（要注明执行人及时限要求）。

③本次会议的决议事项，要落实执行单位和时限。

④待决议的事项（会议出现不同意见记入待决议事项，待下次会议或召开专题会议商定）。

⑤其他需要记载的事项。

（2）监理例会的会议纪要经总监理工程师审查确认后打印，对打印后的成品要认真审查核对,经与会各方代表会签,然后分发给有关单位。如对纪要内容有异议,应于收到文件后3日内向项目监理机构反馈。

(3)收到纪要文件的各方应办理签收手续。

(4)纪要文字要简洁,内容要清楚,用词要准确。

(5)监理例会纪要是重要的信息传递文件,其议定的事项对建设各方都有约束力,并且在发生争议或索赔时是重要的法律文件,各项目监理机构都应予以足够的重视。每次监理例会必须形成会议纪要。

(6)监理例会的记录本、会议纪要及反馈的书面文件应作为监理资料存档。

(二)监理专题会议纪要

监理专题会议的会议记录及会议纪要的编写可参照监理例会的有关规定执行。

任务五 旁站监理与旁站记录

一、旁站监理

(一)旁站监理概述

(1)旁站监理是指监理人员在施工阶段的监理中,对与工程结构、使用功能有重大关系,事后难于检查、补救的关键部位和特殊过程的施工质量实施全过程现场跟班监督活动。

(2)项目监理机构进行旁站监理是法律赋予的重要职责。《建设工程质量管理条例》第五章第三十八条规定,监理工程师应当按照工程监理规范的要求,采取旁站、巡视和平行检验等形式,对建设工程实施监理;《房屋建筑工程施工旁站监理管理办法》的颁布实施,进一步明确了旁站监理工作范围,规范了旁站监理工作;《建设工程监理规范》(GB/T 50319—2013)规定,监理人员应对施工过程进行巡视,并对关键部位、关键工序的施工过程进行旁站,填写旁站记录;《水利工程施工监理规范》(SL 288—2014)4.2.3规定,监理机构按照监理合同约定和监理工作需要,在施工现场对工程重要部位和关键工序的施工作业实施连续性的全过程监督、检查和记录。

(3)旁站监理工作应编制旁站监理实施细则,并对施工单位进行旁站监理交底。

(4)旁站监理是工程监理的重要形式之一,也是确保工程质量的重要手段。

(5)旁站监理是施工过程中监理人员对施工作业连续监控的监理活动,是监理工作经常采用的一种主要的现场检查形式。在施工过程中,监理人员应加强对现场的巡视、旁站监督和检查,及时发现违章操作和不按设计要求,不按图纸或规范、规程施工的行为,消除质量隐患。

(6)在旁站监理的过程中,监理人员要严格履行职责,按作业程序及时跟班到位进行监督检查,做好旁站记录,对达不到质量要求的工序、分部工程不予签字。

(二)旁站监理工作职责

(1)旁站监理前,检查施工单位的施工准备情况,并将检查记录上报项目监理机构。

(2)熟悉相关的技术规范、设计图纸、建设工程施工合同和委托监理合同。

(3)旁站监理工作完成后,及时向项目监理机构提交完整、准确的旁站监理记录。

(4)当发现施工活动可能危害工程质量和安全时及时制止,并监督施工单位纠正处理。

(5)当发现重大施工质量和安全问题或隐患时,必须立即上报项目监理机构。

(6)客观公正地开展旁站监理工作。

(7)旁站监理人员应对旁站监理工作承担相应的监理责任。

实行旁站监理制度,不免除建设单位和施工单位对工程质量应承担的相应责任。

(三)旁站监理工作内容

(1)检查施工企业现场质检人员到岗,特殊工种人员持证上岗,以及施工技术交底等情况。

(2)检查施工企业施工机械、建筑材料、施工用电准备等情况。

(3)在现场跟班监督关键部位、关键工序的施工,检查施工企业执行施工方案及工程建设强制性标准情况。

(4)检查进场建筑材料、建筑构配件、设备的质量检验报告,并可在现场见证施工企业进行检验或委托具有资格的第三方进行复验。

(5)做好旁站监理记录和监理日记,保存旁站原始资料。

总之,通过"三查二问一核对",确保关键部位、关键工序的施工质量和施工安全。"三查"是指查施工安全、技术交底记录,查仪器设备工作正常、工具材料齐备,查人员及组织(管理人员到位、操作人员持证上岗、有值班工长按技术方案组织实施);"二问"是指问一线操作工人交底内容(保证技术交底落实到了班组),问施工技术文件有关内容(保证施工资料的及时、真实、可靠);"一核对"是指核对施工期必须办理的手续是否齐全,是否满足监理程序要求。

通过"三查二问一核对"发现不具备或部分不具备施工条件时,旁站监理人员有权推迟施工。

(四)需要旁站监理的工程重要部位和关键工序

工程重要部位和关键工序一般包括下列内容,监理机构可视工程具体情况从中选择或增加:

(1)土石方填筑工程的土料、砂砾料、堆石料、反滤料和垫层料压实工序。

(2)普通混凝土工程、碾压混凝土工程、混凝土面板工程、防渗墙工程、钻孔灌注桩工程等的混凝土浇筑工程。

(3)沥青混凝土心墙工程的沥青混凝土铺筑工序。

(4)预应力混凝土工程的混凝土浇筑工序,预应力筋张拉工序。

(5)混凝土预制构件安装工程的吊装工序。

(6)混凝土坝坝体接缝灌浆工程的灌浆工序。

(7)安全监测仪器设备的安装埋设工序,观测孔(井)工程的率定工序。

(8)地基处理、地下工程和孔道灌浆工程的灌浆工序。

(9)锚喷支护和预应力锚索加固工程的锚杆工序,锚索张拉锁定工序。

(10)堤防工程堤基地清理工程的基面平整压实工序,填筑施工的所有碾压工序,防冲体护脚工程的防冲体抛投工序，沉排护脚工程的沉排铺设工序。

(11)金属结构安装工程的压力钢管安装、闸门门体安装等工程的焊接检验。

(12)启闭机安装工程的试运行调试。

(13)水轮机和水泵安装工程的导水机构、轴承、传动部件安装。

监理机构在监理工作过程中可结合批准的施工措施计划和质量控制要求，通过编制或修订监理实施细则，具体明确或调整需要旁站监理的工程部位和工序。

二、旁站记录

(一)旁站监理记录的编写方法

1. 基本情况

基本情况包括合同名称及编号、日期、天气及温度，旁站监理的工程部位或工序，旁站监理开始时间、结束时间，施工人员情况等。

编号要合理确定，方便整理和查找。如采用2015032802，表示2015年3月28日发生在02部位或工序的一份旁站监理记录，这样编号可以一目了然，不易混淆。旁站监理记录表最好定期（如一个月)进行整理装订，方便日后使用和管理。

气候包括阴、晴、雨、雪和温度变化(最高气温、最低气温)、风力。准确的天气情况，可以让监理人员判断旁站监理部位是否具备天气条件，或根据天气情况要求施工单位采取相应的作业措施。天气温度对混凝土及砂浆强度的增长速度有明显影响，而下雨则会影响砂、石的含水率，关系到混凝土、砂浆的配合比，进而影响其强度，所以认真记录天气情况是相当重要的一环。

旁站监理的部位或工序应写清所在部位的轴线、标高，或某一分部(子分部)工程、单元工程、检验批。

2. 施工情况

主要记录施工单位在该关键部位或关键工序的施工过程情况、试验与检验情况、机械设备和材料的使用情况、安全文明施工情况等。如混凝土浇筑(混凝土强度等级、浇筑混凝土方量)；混凝土供应方式(商品混凝土或现场搅拌混凝土)；使用的机械设备(泵送混凝土或塔吊料斗)，振动棒台数；施工人数(浇捣人数，钢筋、模板成品保护人数)等。

3. 监理情况

主要反映项目监理机构在旁站监理过程中的三控制、三管理、一协调(或三控一履责，两管一协调)的行为。如混凝土浇筑全过程旁站监理：检查混凝土配合比通知单及送料单；检查记录现场质检员和岗位工长值班人；检查浇捣方法，符合施工方案要求，浇捣良好(或有问题)；观察浇捣过程中钢筋位置，模板变形情况；随机见证取样做混凝土试块及组数；观察混凝土和易性，抽检混凝土塌落度，严禁现场加水；到商品混凝土搅拌站抽查混凝土电脑配比单及份数；现场搅拌时，抽查混凝土配料计量情况，记录实测水泥、砂、石、水及外加剂重量。

4. 问题及处理

包括发现问题、处理意见、备注三方面。问题可以是监理人员，也可以是施工、设计、建设单位的人员发现提出的。处理意见应是对问题进行分析后而得出的一个结论意见（不一定是最终结论，如项目监理机构将问题的分析意见转交设计或建设部门处理）。备注就是对问题和处理的跟踪记录，是问题处理后的最终结论记录，也就是对整个问题处理完后的“闭合”。

如混凝土浇筑常见问题有：混凝土配合比与设计配合比不符；钢筋位置偏移过大、楼面钢筋踩踏严重或某处混凝土保护层厚度控制不好；混凝土浇筑时胀模、漏浆现象；混凝土浇捣顺序不连续，新旧混凝土连接不好；接茬处杂物未清理干净；混凝土振捣顺序不合理，某处振捣力度不够，可能出现漏振；混凝土太稀或太干，影响浇筑或堵管；浇捣过程中遇大雨，防雨措施不力，造成混凝土浆液流淌等。

发现上述问题，及时通知现场质检员或带班人，采取措施，整改到位，或书面通知项目部整改。

5. 施工、监理人员签字确认

按时签字确认是旁站监理记录的重要环节之一，没有施工质检员、旁站监理人员签字的旁站监理记录是无效的。不及时签字，是对旁站监理工作的不重视、不负责，因此必须有一个严谨的时效性。旁站监理人员应在旁站监理结束后 24 小时内写好、确认签字，并送达施工质检员手里；施工质检员在收到旁站监理记录后 24 小时内确认签字，并送还给旁站监理人员，如果中间有任何疑问也应在 24 小时内双方商议解决。

（二）编写旁站监理记录的注意事项

（1）旁站监理记录作为旁站监理工作的真实记载，应与监理日志有所区别，因此两者应分别记录，不能合并，且内容也应有所不同。如监理日志是天天都要记录的，有一个连续性，而旁站监理记录只是在发生旁站监理的情况下才记录，没有发生则不需记录。

（2）旁站监理记录应一式三份，监理单位、施工单位、建设单位各执一份，但建设单位那份可以由项目监理机构每月汇总后再交。这样可以避免弄虚作假，各方均对工程的实施情况有一定的了解，也可以让建设单位及时做出某些工程决策，让工程更顺利实施。

（3）旁站监理记录内容不能空泛笼统、单一片面，更不能错别字连篇，词不达意。

（4）旁站监理记录写好后，要及时交项目总监理工程师审查，以便及时沟通和了解，从而促进监理工作正常有序的开展。

旁站监理记录是监理的重要基础工作，应该得到每个监理人员的重视。每个监理人员都有责任做好旁站监理记录，为工程项目提供有价值的可靠依据，为自己和公司树立良好的形象。

（三）旁站监理记录表格

《水利工程施工监理规范》（SL 288—2014）中规定的旁站监理值班记录表格样式如表 6-4 所示。

表 6-4　旁站监理值班记录

（监理［　　］旁站　号）

合同名称：　　　　　　　　　　　　　　　　　　　　　合同编号：

<table>
<tr><td>工程部位</td><td colspan="4"></td><td>日期</td><td></td></tr>
<tr><td>时间</td><td></td><td>天气</td><td colspan="2"></td><td>温度</td><td></td></tr>
<tr><td rowspan="5">人员情况</td><td colspan="6">施工技术员：________　　施工班组长：________
质　检　员：________</td></tr>
<tr><td colspan="6">现场人员数量及分类人员数量</td></tr>
<tr><td>管理人员</td><td colspan="2">_____ 人</td><td colspan="2">技术人员</td><td>_______人</td></tr>
<tr><td>特种作业人员</td><td colspan="2">_____ 人</td><td colspan="2">普通作业人员</td><td>_______人</td></tr>
<tr><td>其他辅助人员</td><td colspan="2">_____ 人</td><td colspan="2">合计</td><td>_______人</td></tr>
<tr><td>主要施工设备
及运转情况</td><td colspan="6"></td></tr>
<tr><td>主要材料
使用情况</td><td colspan="6"></td></tr>
<tr><td>施工过程描述</td><td colspan="6"></td></tr>
<tr><td>监理现场检查、
检测情况</td><td colspan="6"></td></tr>
<tr><td>承包人提出
的问题</td><td colspan="6"></td></tr>
<tr><td>监理人的答复
或指示</td><td colspan="6"></td></tr>
<tr><td colspan="7">当班监理人员：（签名）__________　　现场技术员：（签名）__________</td></tr>
</table>

说明：本表单独汇编成册。

任务六　监理报告

一、监理报告的编制要求

（一）监理报告的分类

在施工监理实施过程中，由监理机构提交的监理报告包括监理月报、监理专题报告、监理工作报告。

监理月报应全面反映当月的监理工作情况，编制周期与支付周期宜同步，在约定时间前报送发包人和监理单位。

监理专题报告应针对施工监理中某项特定的专题编制。专题事件持续时间较长时，监理机构可提交关于该专题事件的中期报告。

在各类工程验收时，监理机构应按规定提交相应的监理工作报告。监理工作报告应在验收工作开始前完成。

（二）监理报告编制的基本要求

（1）总监理工程师应负责组织编制监理报告，审核后签字盖章。监理报告应一式两份，一份提交建设单位，一份随监理资料交监理单位。

（2）监理报告的编写由总监理工程师指定专人负责，各专业监理工程师和信息管理员负责提供本专业或职务分工部分的资料与数据，总监理工程师审阅把关。项目监理机构全体人员共同动手，分工协作按时编制完成。

（3）监理报告必须符合《水利工程施工监理规范》（SL 288—2014）的要求，应真实反映工程或事件状况、监理工作情况，做到内容全面、重点突出、语言简练、数据准确，并附必要的图表和照片。

二、监理月报

编写监理月报是一项重要的信息管理工作，在建监理的工程项目，每月均应编制监理月报，报送建设单位、所属监理单位及有关部门。

（一）监理月报的作用

（1）向建设单位通报本工程项目本月份各方面的进展情况。

（2）向建设单位汇报项目监理机构做了哪些工作，收到什么效果。

（3）项目监理机构向所属监理单位领导层和管理层汇报本月份在工程项目的质量控制、进度控制、造价控制、安全管理、合同管理、信息管理及组织协调参加建设各方之间关系中所做的工作，存在的问题及其经验教训，希望领导层和管理层给予的支持和指导。

（4）项目监理机构通过编制监理月报总结本月份工作，为下一阶段工作制订计划。

（5）向上级主管部门来项目监理机构检查的工作人员提供关于工程概况、施工概况及监理工作情况的说明文件。

（二）监理月报的主要内容

《水利工程施工监理规范》（SL 288—2014）规定了监理月报的主要内容：①本月工程

施工概况;②工程质量控制情况;③工程进度控制情况;④工程资金控制情况;⑤施工安全监理情况;⑥文明施工监理情况;⑦合同管理的其他工作情况;⑧监理机构运行情况;⑨监理工作小结;⑩存在问题及有关建议;⑪下月工作安排;⑫监理大事记;⑬附表。

表格宜采用《水利工程施工监理规范》(SL 288—2014)附录 E 中施工监理工作常用表格的格式。

监理月报的编制,其统计周期一般为上月的 26 日至本月的 25 日,原则上规定于次月的 5 日前送交有关部门。具体时间根据监理公司的要求与建设单位协商。

项目监理机构可定期或不定期地编写“监理简报”,报道施工现场的情况,及时报送有关单位和所属监理单位有关部门及领导。

三、监理专题报告

监理专题报告是施工过程中,项目监理机构就某项工作、某一问题、某一任务或某一事件向建设单位所做的书面报告。

施工过程中的合同争议、违约处理等可采用监理专题报告,并附有关记录。

(一)监理专题报告的要求

(1)监理专题报告标题应清楚表明问题的性质,主体内容应详尽地阐述发生问题的情况、原因分析、处理结果和建议。

(2)监理专题报告由报告人、总监理工程师签字,并加盖项目监理机构公章。

(二)监理专题报告的主要内容

(1)《水利工程施工监理规范》(SL 288—2014)规定,用于汇报专题事件实施情况的监理专题报告主要包括下列内容:

①事件描述。

②事件分析:事件发生的原因及责任分析,事件对工程质量影响分析,事件对施工进度影响分析,事件对工程资金影响分析,事件对工程安全影响分析。

③事件处理:承包人对事件处理的意见,发包人对事件处理的意见,设代机构对事件处理的意见,其他单位或部门对事件处理的意见,监理机构对事件处理的意见,事件最后处理方案和结果(如果为中期报告,应描述截至目前事件处理的现状)。

④对策与措施:为避免此类事件再次发生或其他影响合同目标实现事件的发生,监理机构提出的意见和建议。

⑤其他:其他应提交的资料和说明事项等。

(2)《水利工程施工监理规范》(SL 288—2014)规定,用于汇报专题事件情况并建议解决的监理专题报告主要包括下列内容:

①事件描述。

②事件分析:事件发生的原因及责任分析,事件对工程质量影响分析,事件对施工进度影响分析,事件对工程资金影响分析,事件对工程安全影响分析。

③事件处理建议。

④其他:其他应提交的资料和说明事项等。

四、监理工作报告

监理工作报告是在各类工程验收时，监理机构应按规定提交的工程质量评估报告。因此监理工作报告应在验收工作开始前完成。

（一）监理工作报告的要求

（1）监理工作报告是针对的单位工程或是分部工程验收，必须写明工程部位与名称。

（2）监理工作报告以分项工程（或单元工程）验收合格为基础，编写前必须查询监理日常巡查、旁站、建筑材料试验见证取样、平行检查、复查等资料，以及分项工程（或单元工程）合格验收相关资料和验收会议记录。

（3）编写监理工作报告应做到评估意见客观、公正、真实；对监理过程做出综合描述；能反映工程的主要质量状况，涉及工程的结构安全、重要使用功能及观感质量等，并给出评价结论。

（4）监理工作报告由专业监理工程师、总监理工程师签字，并加盖项目监理机构公章。

（二）监理工作报告的主要内容

《水利工程施工监理规范》（SL 288—2014）规定了监理工作报告的主要内容：

（1）工程概况。

（2）监理规则。

（3）监理过程。

（4）监理效果：质量控制监理工作成效，进度控制监理工作成效，资金控制监理工作成效，施工安全监理工作成效，文明施工监理工作成效。

（5）工程评价。

（6）经验与建议。

（7）附件。

①监理机构的设置与主要工作人员情况表。

②工程建设监理大事记。

任务七　监理机构的资料管理

一、监理台账的建立与资料归档

监理资料是监理单位在工程项目实施监理过程中所形成的各种原始记录，是监理工作中各项控制和管理工作的依据和凭证。通过对监理资料的管理也反映了监理人员的素质与项目监理机构的管理能力和管理水平。

（一）监理资料管理基本要求

（1）监理资料的管理与归档工作是监理工作中内业管理工作最重要的部分，各项目监理机构应予以高度重视。监理资料的管理应逐步走向科学化、程序化，并最终实现计算机化。

(2)完整、准确、真实、及时是对监理资料的四个重要要求,对监理资料管理工作的基本要求是"及时完整、真实有效、填写齐全、标识无误、交圈对口、归档有序"。

(3)项目监理机构的监理资料管理工作由总监理工程师负总责,各专业监理工程师分工负责,由总监理工程师指定人员专任或兼任资料管理员负实际责任。监理单位的监理资料管理工作由技术总负责人负责,档案资料管理部门负责人负责具体管理工作,并对各项目监理机构的监理资料管理员负指导责任。

(4)各监理人员应随着工程项目的进展不断积累监理资料,并认真、及时地进行编审,于工程竣工后形成一套完整的监理档案,移交给所属监理单位的档案资料管理部门保管备查。

(5)项目监理机构应于工程竣工后 3 个月内,由总监理工程师组织监理人员进行监理资料的整理、编审和装订工作,由总监理工程师签字后作为监理档案移交。

(6)监理档案应规定有保管期限,根据档案文件的内容,可规定为 1 ~3 年,少数档案文件可定为永久保存,具体分类水利工程依据《水利工程建设项目档案管理规定》(水办〔2005〕480 号)的规定,建设工程依据当地政府的建设行政主管部门所属的建设工程档案管理部门规定。

(7)在保存期内,对档案资料的保管、借阅和归还,应建立完备的制度,防止档案资料丢失受损。

(二)监理台账的建立

根据《水利工程建设项目档案管理规定》(水办〔2005〕480 号),施工监理实施过程中的监理资料立卷的主要内容,是在施工过程中逐步建立的监理台账(预立卷)。

1.监理资料立卷的主要内容

监理合同,监理规划,监理实施细则;开工、停工、复工相关文件资料(主要包括合同工程开工通知、合同工程开工批复、分部工程开工批复、暂停施工指示、复工通知等);监理机构通知相关文件资料(主要包括监理通知、工程现场书面通知、警告通知、整改通知等);监理机构审核、审批、核查、确认等相关文件资料;监理机构检查、检验、检测等相关记录文件资料(主要包括旁站监理记录、监理巡视记录、监理平行检测记录、监理跟踪检测记录、安全检查记录、监理日记、监理日志等);施工质量缺陷备案资料;计量和支付相关文件资料(主要包括工程进度付款证书、合同解除付款核查报告、完工付款/最终结清证书等);变更和索赔相关文件资料(主要包括变更指示、变更项目价格审核、变更项目价格/工期确认、索赔审核、索赔确认等);会议记录文件(会议纪要、会议记录等);监理报告(主要包括监理月报、监理专题报告、监理工作报告);影像资料;监理收、发文相关记录;其他有关的重要来往文件。

2.监理资料预立卷(监理台账的建立)

(1)法规标准文件类:法律法规,部门规章和文件,标准规范,地方规章和文件,企业文件等。

(2)监理备查资料:监理合同,监理规划,监理实施细则;监理企业资质证书复印件,监理人员执业资格证书复印件,项目监理机构及人员分工,监理机构主要工作制度,监理机构内部管理制度;监理人员更换,与监理公司往来文件资料等。

(3)报审备案资料:施工单位(包括分包单位)企业资质,安全生产许可证,项目部管理人员执业资格证书复印件,特种作业人员资格证书复印件,项目部管理机构及人员分工,质量和安全保证体系,生产规章制度;施工组织设计,专项施工方案、安全应急预案,施工机械报审清单等。

(4)施工监理资料:设计交底与图纸会审会议纪录,测量核验资料;开工、停工、复工文件资料;监理机构通知与回复相关文件资料;工程材料、构配件、设备进场报验相关文件资料;监理机构检查、检验、检测等相关记录文件资料;计量和支付相关文件资料;变更和索赔相关文件资料;施工质量缺陷备案资料;安全检查与安全事故处理记录资料;会议记录文件;监理报告;分部工程、单位工程验收资料;监理工作总结;监理收、发文相关记录;影像资料(按相关资料归类)。

(5)有关部门检查记录,其他有关的重要来往文件。

项目监理机构应根据监理公司的要求,以及项目自身特点建立监理台账。

(三)监理资料的分类、编号与归档

建设工程项目的监理资料种类繁多,数量很大,为了做好项目监理工作,应对这些监理资料和文件进行科学的分类、编号与归档,结合监理公司的要求,按《水利工程建设项目档案管理规定》(水办〔2005〕480 号)执行。

二、监理通知的签发与整改回复

(一) 监理通知的签发

《水利工程施工监理规范》(SL 288—2014)中施工监理工作常用表格中,监理的通知设有"合同工程开工通知""监理通知""计日工工作通知""工程现场书面通知""警告通知""整改通知""复工通知"。其中,"工程现场书面通知"由监理工程师/监理员签发(一般由监理工程师签发,对施工现场发现的施工人员违反操作规程的行为,监理员可以签发),"监理通知"由总监理工程师/监理工程师签发,其他通知均由总监理工程师签发。

注:《建设工程监理规范》(GB/T 50319—2013)建设工程监理基本表式中,只设"监理通知",由总监理工程师/专业监理工程师签发;"监理通知回复单",由项目经理签字,盖项目经理部章。针对开工、停工、复工,另设"工程开工令""工程暂停工令""工程复工令",均由总监理工程师签发。

"合同工程开工通知""复工通知"由承包人签收,抄送发包人、设代机构;"计日工工作通知"由项目经理签收,抄送发包人;"工程现场书面通知"由现场负责人签收,抄送发包人;"监理通知""警告通知""整改通知"由承包人签收,抄送发包人。

"工程现场书面通知"主要针对施工现场能立即纠正的影响质量、安全的隐患,以及施工人员违反操作规程的行为;"整改通知"主要针对施工现场不能立即处理的影响质量、安全的问题,要求施工单位限期整改,涉及重大质量、安全问题,可下局部暂停工指示。

"警告通知"是指承包人在履行合同时发生了违约行为,要求承包人按监理要求立即采取措施,纠正违约行为后报监理确认。

监理通知,特别是"工程现场书面通知""整改通知",是项目监理机构履责的重要表现形式,监理通知里的内容出了质量、安全问题,监理可一定程度地免责。

（二）监理通知的整改回复

“合同工程开工通知”“复工通知”“计日工工作通知”按通知要求执行，可不回复；“监理通知”中只是让承包人知晓或执行，没有要求回复的可不回复，但要求回复的必须回复；“工程现场书面通知”“警告通知”“整改通知”必须按要求采取措施，限时整改，监理确认和验收合格后，写出书面回复，“回复单”必须由项目经理签字，盖项目机构章。这就是前面讲到的“闭合”。

三、监理表格的说明与使用

水利工程施工采用《水利工程施工监理规范》（SL 288—2014）中施工监理工作常用表格。

国家标准《建设工程监理规范》（GB/T 50319—2013）中建设工程监理基本表式分为：A类——工程监理单位用表，B类——施工单位报审/验用表，C类——通用表，共计25个表式。在项目监理工作中，可根据需要补充表格。

（一）表格的说明

（1）表格可分为以下两种类型：

①承包人用表，共计57个表格。以CB××表示。

②监理机构用表，共计47个表格。以JL××表示。

（2）表的标题（表名）应采用如下格式：

CB11	施工放样报验单 （承包［　］放样　　号）

注：1.“CB11”为表格类型及序号。

2.“施工放样报验单”为表格名称。

3.“承包［　］放样　号”为表格编号。其中：①“承包”：指该表以承包人为填表人，当填表人为监理机构时，即以“监理”代之；②当监理工程范围包括两个以上承包人时，为区分不同承包人的用表，“承包”可用其简称表示；③［　］：年份，如［2015］表示2015年的表格；④“放样”：表格的使用性质，即用于“放样”工作；⑤“　号”：一般为3位数的流水号。

（二）表格使用说明

（1）监理机构可根据施工项目的规模和复杂程度，采用其中的部分或全部表格；若表格不能满足工程实际需要，可调整或增加表格。

（2）各表格脚注中所列单位和份数为基本单位和推荐份数，工作中应根据具体情况和要求予以具体明确各类表格的报送单位和份数。

（3）相关单位都应明确文件的签收人。

（4）“CB01　施工技术方案申报表”可用于承包人向监理机构申报关于施工组织设计、施工措施计划、专项施工方案、度汛方案、灾害应急预案、施工工艺试验方案、专项检测试验方案、工程测量施测方案、工程放样计划和方案、变更实施方案等需报请监理机构批准的方案。

(5)承包人的施工质量检测月汇总表、工程事故月报表除作为施工月报附表外,还应按有关要求另行单独填报。

(6)表格中凡属部门负责人签名的,项目经理都可签署;凡属监理工程师签名的,监理工程师都可签署。表格中签名栏为“总监理工程师/副总监理工程师”“总监理工程师/监理工程师”“项目经理/技术负责人”的,可根据工程特点和管理要求视具体授权情况由相应人员签署。

(7)监理用表中的合同名称和合同编号指所监理的施工合同名称和编号。

任务八 监理人员岗位职责

一、总监理工程师岗位职责

《水利工程施工监理规范》(SL 288—2014)规定,水利工程施工监理实行总监理工程师负责制。总监理工程师应负责全面履行监理合同约定的监理单位的义务,主要职责应包括下列各项:

(1)主持编制监理规划,制定监理机构工作制度,审批监理实施细则。

(2)确定监理机构部门职责及监理人员职责权限;协调监理机构内部工作;负责监理机构中监理人员的工作考核,调换不称职的监理人员;根据工程建设的进展情况,调整监理人员。

(3)签发或授权签发监理机构的文件。

(4)主持审查承包人提出的分包项目和分包人,报发包人批准。

(5)审批承包人提交的合同工程开工申请、施工组织设计、施工进度计划、资金流计划。

(6)审批承包人按有关安全规定和合同要求提交的专项施工方案、度汛方案和灾害应急预案。

(7)审核承包人提交的文明施工组织机构和措施。

(8)主持或授权监理工程师主持设计交底,组织核查并签发施工图纸。

(9)主持第一次监理工地会议,主持或授权监理工程师主持监理例会和监理专题会议。

(10)签发合同工程开工通知、暂停施工指示和复工通知等重要监理文件。

(11)组织审核已完成工程量和付款申请,签发各类付款证书。

(12)主持处理变更、索赔和违约等事宜,签发有关文件。

(13)主持施工合同实施中的协调工作,调解合同争议。

(14)要求承包人撤换不称职或不宜在本工程工作的现场施工人员或技术、管理人员。

(15)组织审核承包人提交的质量保证体系文件、安全生产管理机构和安全措施文件并监督其实施,发现安全隐患及时要求承包人整改或暂停施工。

(16)审批承包人施工质量缺陷处理措施计划,组织施工质量缺陷处理情况的检查和施工质量缺陷备案表的填写;按相关规定参与工程质量及安全事故的调查和处理。

(17)复核分部工程和单位工程的施工质量等级,代表监理机构评定工程项目施工质量。

(18)参加或受发包人委托主持分部工程验收,参加单位工程验收、合同工程完工验收、阶段验收和竣工验收。

(19)组织编写并签发监理月报、监理专题报告和监理工作报告,组织整理监理档案资料。

(20)组织审核承包人提交的工程档案资料,并提交审核专题报告。

总监理工程师可书面授权副总监理工程师或监理工程师履行其部分职责,但下列工作除外:

(1)主持编制监理规划,审批监理实施细则。

(2)主持审查承包人提出的分包项目和分包人。

(3)审批承包人提交的合同工程开工申请、施工组织设计、施工总进度计划、年施工进度计划、专项施工进度计划、资金流计划。

(4)审批承包人按有关安全规定和合同要求提交的专项施工方案、度汛方案和灾害应急预案。

(5)签发施工图纸。

(6)主持第一次监理工地会议,签发合同工程开工通知、暂停施工指示和复工通知。

(7)签发各类付款证书。

(8)签发变更、索赔和违约有关文件。

(9)签署工程项目施工质量等级评定意见。

(10)要求承包人撤换不称职或不宜在本工程工作的现场施工人员或技术、管理人员。

(11)签发监理月报、监理专题报告和监理工作报告。

(12)参加合同工程完工验收、阶段验收和竣工验收。

二、监理工程师岗位职责

《水利工程施工监理规范》(SL 288—2014)规定,监理工程师应按照职责权限开展监理工作,是所实施监理工作的直接责任人,并对总监理工程师负责。其主要职责应包括下列各项:

(1)参与编制监理规划,编制监理实施细则。

(2)预审承包人提出的分包项目的分包人。

(3)预审承包人提交的合同工程开工申请、施工组织设计、施工总进度计划、年施工进度计划、专项施工进度计划、资金流计划。

(4)预审承包人按有关安全规定和合同要求提交的专项施工方案、度汛方案和灾害应急预案。

(5)根据总监理工程师的安排核查施工图纸。

(6)审批分部工程或分部工程部分工作的开工申请报告、施工措施计划、施工质量缺陷处理措施计划。

(7)审批承包人编制的施工控制网和原始地形的施测方案;复核承包人的施工放样成果;审批承包人提交的施工工艺试验方案、专项检测试验方案,并确认试验成果。

(8)协助总监理工程师协调参建各方之间的工作关系;按照职责权限处理施工现场发生的有关问题,签发一般监理指示和通知。

(9)核查承包人报验的进场原材料、中间产品的质量证明文件,核验原材料和中间产品的质量,复核工程施工质量;参与或组织工程设备的交货验收。

(10)检查、监督工程现场的施工安全和文明施工措施的落实情况,指示承包人纠正违规行为;情节严重时,向总监理工程师报告。

(11)复核已完成工程量报表。

(12)核查付款申请报表。

(13)提出变更、索赔及质量和安全事故处理等方面的初步意见。

(14)按照职责权限参与工程的质量评定工作和验收工作。

(15)收集、汇总、整理监理档案资料,参与编写监理月报,核签或填写监理日志。

(16)施工中发生重大问题或遇到紧急情况时,及时向总监理工程师报告、请示。

(17)指导、检查监理员的工作,必要时可向总监理工程师建议调换监理员。

(18)完成总监理工程师授权的其他工作。

机电设备安装、金属结构设备安装、地质勘查和工程测量等专业监理工程师应根据监理工作内容和时间安排完成相应的监理工作。

三、监理员岗位职责

《水利工程施工监理规范》(SL 288—2014)规定,监理员应按照职责权限开展监理工作,其主要职责应包括下列各项:

(1)核实进场原材料和中间产品报验单并进行外观检查,核实施工测量成果报告。

(2)检查承包人用于工程建设的原材料、中间产品和工程设备等的使用情况,并填写现场记录。

(3)检查、确认承包人单元工程(工序)施工准备情况。

(4)检查并记录现场施工程序、施工工艺等实施过程情况,发现施工不规范行为和质量隐患,及时指示承包人改正,并向监理工程师或总监理工程师报告。

(5)对所监理的施工现场进行定期或不定期的巡视检查,依据监理实施细则实施旁站监理和跟踪检测。

(6)协助监理工程师预审分部工程或分部工程部分工作的开工申请报告、施工措施计划、施工质量缺陷处理措施计划。

(7)核实工程计量结果,检查和统计计日工情况。

(8)检查、监督工程现场的施工安全和文明施工措施的落实情况,发现异常情况及时指示承包人纠正违规行为,并向监理工程师或总监理工程师报告。

(9)检查承包人的施工日志和现场实验室记录。

(10)核实承包人质量评定的相关原始记录。

(11)填写监理日记,依据总监理工程师或监理工程师授权填写监理日志。

当监理人员数量较少时,总监理工程师可同时承担监理工程师的职责,监理工程师可同时承担监理员的职责。

思考题

1. 工程项目监理的文件一般包括哪些?
2. 监理大纲的作用有哪些?
3. 监理规划的作用有哪些? 监理规划包括哪些主要内容?
4. 监理实施细则的主要内容有哪些?
5. 监理实施细则有何作用? 其重点应放在哪些方面?
6. 监理日志的作用是什么?
7. 监理大纲、监理规划、监理实施细则有何联系和区别?
8. 简述旁站监理记录基本内容。
9. 监理巡视记录的内容有哪些?
10. 监理月报的主要内容有哪些?

参考文献

[1] 张守平,滕斌.工程建设监理[M].北京:北京理工大学出版社,2011.
[2] 中国建设监理协会.建设工程监理概论[M]. 北京:知识产权出版社,2009.
[3] 张华.水利工程监理[M].北京:中国水利水电出版社,2015.
[4] 赵亮,刘光忱.建设监理概论[M].大连:大连理工大学出版社,2009.
[5] 郭阳明.工程建设监理概论[M].北京:北京理工大学出版社,2009.
[6] 徐锡权,金从.建设工程监理概论[M]. 北京:北京大学出版社,2008.
[7] 王海周,杨胜敏.水利工程建设监理[M]. 郑州:黄河水利出版社,2010.
[8] 桂剑萍,钟汉华.水利工程施工监理[M]. 郑州:黄河水利出版社,2015.
[9] 陈永志,李前杰.水利工程监理[M]. 郑州:黄河水利出版社,2016.
[10] 华北水利水电大学.水利工程施工监理规范:SL 288—2014[S].北京:中国水利水电出版社,2014.